Richard Deiss

Latte, Lettern, Literaten

111 Cafés, 99 Zeitungen

Adresse des Autors:
Saarbrückener Str 71
D-53 Bonn
Richard.Deiss@web.de

Anregungen und Kommentare sind willkommen und werden in der nächsten Auflage berücksichtigt.

Mitarbeit: Johanna Jarde (Wangen i. Allgäu)

Herstellung und Verlag: Books on Demand GmbH, Norderstedt

Erste Auflage 2010, Originalausgabe

©Richard Deiss, Bonn 2010

Printed in Germany

ISBN 978-3-833-4632-42

Der Inhalt dieses Buches entspricht ausschließlich der Privatmeinung des Autors.

Bibliografische Information der Deutschen Nationalbibliothek

Die Deutsche Nationalbibliothek verzeichnet diese Publikation in der Deutschen Nationalbibliografie; detaillierte bibliografische Daten sind im Internet über http://dnb.d-nb.de abrufbar

Inhalt

Vorwort 5

1 Die bekanntesten Cafés 7

1.1 Zehn Wiener Cafés 8
1.2 Cafés in Deutschland 12
1.3 Österreich und Schweiz 16
1.4 Frankreich und Belgien 18
1.5 Nord- und Westeuropa 23
1.6 Mittel- und Osteuropa 26
1.7 Spanien und Portugal 29
1.8 Italien 31
1.9 Andere Kontinente 35

2 Café-Konditoreien 40

2.1 Deutschsprachige Länder 40
2.2 Übriges Europa 45

3 Cafés, die es nicht mehr gibt 48

4 Zeitungsanekdoten und -trivia 53

4.1 Großbritannien 53
4.2 USA 55
4.3 Kanada 60
4.4 Deutschland 62
4.5 Alpenländer 66
4.6 Niederlande 67
4.6 Nordeuropa 68
4.6 Südeuropa 69
4.6 Russland 70

4.10	Asien	72
4.11	Lateinamerika	74
4.12	Afrika, Australien	75

Anhang	**76**
Cafés nach Städten	77
Literatur	95
Webseiten	95

Vorwort

Der Konsum von Getränken spiegelt sozialen Status und gesellschaftliche Entwicklungen wieder. Dies gilt auch für Trendgetränke wie neuartige Limonaden – für das sich verbürgerlichende einstige Berliner Trendviertel Prenzlauer Berg wurde bereits der Begriff Bionade-Biedermeier bzw. Bionade-Bohème kreiert. Beim Kaffee geht der Trend zu höherem Milchanteil, es gibt bereits den Begriff Lattemachiatisierung, der für Gentrifizierung bzw. Yuppisierung steht. In Hamburg ist im ebenfalls trendigen aber noch nicht ganz gentrifizierten Schanzenviertel ein portugiesischer Milchkaffee so beliebt, dass man vom Galao-Strich spricht. Die Entwicklung des Kaffeekonsums ist also ein Trendanzeiger, auch für die Entwicklung eines Stadtviertels. Erst hat die schnelle Expansion von Starbucks gezeigt, wie groß der Markt für Kaffeekonsum in modernem Ambiente geworden ist. Die Krise, in die Starbucks schließlich geraten ist, hat wiederum gezeigt, dass der Markt so anspruchsvoll geworden ist, dass er sich langfristig nicht mit einer standarisierten Filalbedienung abspeisen lässt. Die Nachfrage nach Cafés, die Charakter haben, guten Service und gutes Essen bieten und eine Insel der Ruhe in einer sich beschleunigenden Zeit darstellen, ist gewachsen.

In einem sich schnell wandelnden Markt muss jeder für sich selbst die besten Cafés entdecken. Das vorliegende Taschenbuch hat deshalb nicht die Intention, die besten Cafés aufzulisten, was einen großen Rechercheaufwand bedeuten würde, sondern lediglich die berühmtesten. Während Top 10 Listen der berühmtesten Cafés im Internet zirkulieren, fehlen doch etwas längere Listen mit breiter geographischer Abdeckung. Diese Lücke versucht dieses kleine Bändchen ein bisschen zu schließen, in dem es 111 mehr oder weniger berühmte Cafés auflistet. Angeführt wird auch, welche Intellektuelle und Künstler sich einst dort aufhielten.

Cafés, die einst bedeutende Treffpunkte von Schriftstellern waren (oder es heute noch sind), sind mit einem ✐ markiert. Tabellen im Anhang zeigen die Stammcafés berühmter Schriftsteller.

Früher ging man auch ins Café um Zeitung zu lesen und manche Cafés bieten noch heute eine reiche Auswahl von Tageszeitungen. Zu manchen dieser Zeitungen gibt es interessante Geschichten und Anekdoten. Die Liste der bekannten und berühmten Cafés wird deshalb durch eine Sammlung von Trivia, Anekdoten und Redensarten zu 99 Zeitungen abgerundet.

Ich hoffe, dass diese kleine Zusammenstellung berühmter Cafés und interessanter Zeitungsanekdoten für den einen oder anderen Leser interessant oder nützlich ist. Das Buch soll jährlich aktualisiert werden.

Bonn, im Oktober 2010
Richard Deiss

1. Die bekanntesten Cafés

1.1 Berühmte Wiener Cafés

Café Hawelka ✎
Dorotheergasse 6

Das Wiener Café Hawelka sieht sich als eines der letzten großen der zentraleuropäischen Tradition entsprechenden Literaten- und Künstlerkaffeehäusern. Eröffnet wurde es im Mai 1939 von Leopold und Josefine Hawelka, doch im September desselben Jahres musste es durch den Ausbruch des Zweiten Weltkriegs und die Einberufung des 1911 geborenen Leopolds bereits wieder schließen. Als die Hawelkas 1945 nach Wien zurückkamen, stellten sie fest dass das Café wie ein Wunder überlebt hatte. Nicht mal eine Glasscheibe war zerbrochen, während etliche der umliegenden Gebäude stark beschädigt waren. So hatte das Hawelka einen guten Start in die Nachkriegszeit und wurde bald zu einem beliebten Treffpunkt in Wien. Als die Alliierten 1955 aus Wien abzogen, wurde das Hawelka schnell zu einem Schriftstellertreffpunkt, unter anderem verkehrten hier Friedrich Torberg, Heimito von Doderer, Hilde Spiel und Hans Weigel. 1961 wurde das Café Herrenhof geschlossen und der sich dort etablierte Schriftstellerzirkel wanderte ins Hawelka ab. Das Hawelka war zum unangefochtenen Künstlercafé Wiens geworden. Zu den Stammgästen der 1960er und 1970er Jahre gehörten der Dichter H.C. Artmann, der Schauspieler Helmut Qualtinger, der Sänger Georg Danzer und der Künstler André Heller. Zu den Gästen aus dem Ausland gehörten Elias Canetti, Arthur Miller, Henry Miller und Andy Warhol. Der Gründer des Cafés, Leopold Hawelka, feierte im April 2010 seinen 99. Geburtstag. Trotz seines hohen Alters ist er noch jeden Tag im Café zu sehen. *‚Wenn der Chef nicht da ist, geht's ja nicht'*, sagen die Kellner, die ihn 'Opa' nennen.

Café Central 🖋
Ecke Herrengasse / Strauchgasse

Das Wiener Café Central gilt manchen als ‚*berühmtestes Caféhaus der Welt*'.
1860 wurde in Wien das prachtvolle Palais Ferstel erbaut, damals galt es als ‚modernstes Gebäude Wiens'. Erst mietete sich die Wiener Börse im Gebäude ein, in welchem auch die Österreichisch-Ungarische Nationalbank ihren Sitz hatte. Als die Wiener Börse 1876 in ein neues Gebäude umzog, eröffneten die Gebrüder Pach im Erdgeschoss das Café Central. Ab 1900 etablierte sich das Café Central immer mehr als Treffpunkt für Künstler und Gelehrte. Zu den Stammgästen, die sich selbst ‚Centralisten' nannten, gehörte der Schriftsteller Peter Altenberg (1859-1919), der das Café sogar als seine Wohnadresse angab und es als Arbeits- und Wohnzimmer nutzte. Eine lebensgroße Figur Altenbergs erinnert heute am Eingang an den treuesten Fan des Cafés. Andere berühmte Gäste waren unter anderem Sigmund Freud, Arthur Schnitzler, Leo Trotzki, Robert Musil und Hugo von Hofmannsthal. 1943 wurde das Café geschlossen, das Palais Ferstel erleidet im Krieg große Schäden, fast die gesamte Inneneinrichtung wird zerstört. Nach vier Jahrzehnten Unterbrechung eröffnet das Café Central nach der Renovierung des Arkadenhofes 1982 wieder seine Pforten. Gleichzeitig wird es in einem ORF Studio für die Diskussionssendung ‚*Café Central*' nachgebaut. 1986 kann es vom Arkadenhof in die ursprünglichen Räumlichkeiten, den Säulensaal, umziehen.

Café Bräunerhof 🖋
Stalburggasse 2

Das Café Bräunerhof liegt etwas abseits der Touristenströme und war einst Stammlokal berühmter Persönlichkeiten, wozu Hugo von Hofmannsthal, Alfred Polgar, Paul Wittgenstein und später Thomas Bernhard gehörten. Den

Charakter des eher spärlich möblierten Cafés prägen hohe Decken, Spiegel und Kugelleuchten.

Frauenhuber
Himmelpfortgasse 6, 1010 Wien
Das 1824 eröffnete Frauenhuber sieht sich als Wiens ältestes Café. Dabei ist es als Restaurant sogar noch älter. Im November 1788 wurden die Gäste mit Tafelmusik von Wolfgang Amadeus Mozart und Ludwig van Beethoven verwöhnt. Im März 1791 trat Mozart zum letzten Mal in den Räumlichkeiten auf.

Kleines Café
Franziskanerplatz 3, 1010 Wien
Das *Kleine Café* wurde 1970 vom österreichischen Schauspieler Hanno Pöschl gegründet und etablierte sich bald als eines der ersten alternativen Künstler-Szenetreffs der Stadt, was damals eine Hippie-Szene bedeutete. Weil das Café wirklich klein ist, ist es meist auch ziemlich voll.

Café Kunsthalle
Treitlstr. 2, Karlsplatz, 1040 Wien
Das Café Kunsthalle gilt als eines der Szene-Treffs von Wien und als einer der kulinarischen und gastronomischen Anziehungspunkte im Museumsquartier.

Café Landtmann ✎
Dr. Karl Lueger-Ring 4
Das 1873 von Franz Landtmann an der Wiener Ringstraße gegründete Café galt bei seiner Eröffnung als größtes und elegantestes Caféhaus Wiens. 1929 wurde das Café vom Architekten Erst Meller, der damals zahlreiche Wiener Cafés gestaltete, renoviert und bekam seine noch heute vorhandene Inneneinrichtung. Die Webseite des Cafés nennt unter anderem folgende berühmte Gäste: Peter

Altenberg, Sigmund Freud, Gustav Mahler, Max Reinhardt, Marlene Dietrich, Romy Schneider, Hans Moser, Burt Lancaster und Hillary Clinton.
☞ Im März 2009 eröffnete in Tokio ein Café Landtmann

Café der Provinz
Maria-Treu-Gasse 3
Im kleinen aber modernen Wiener *Café der Provinz* gibt es die Bücher des Verlags *Bibliothek der Provinz* zum Lesen und Kaufen.

Café Museum (wegen Umbau geschlossen) ✎
Operngasse 7
Die Innenausstattung des 1899 eröffneten Café Museum gestaltete der berühmte Wiener Architekt und Pionier des modernen Baustils Adolf Loos (1870-1933). Bei seiner Eröffnung war sein schlicht sachlicher Stil mit Stühlen der Firma Thonet ein starker Gegensatz zum damals vorherrschenden opulent-dekorativen Stil. Der ungarisch-österreichische Schriftsteller Ludwig Hevesi fühlte sich zum Beinamen Café Nihilismus provoziert. Nichtsdestotrotz zog das Café illustre Gäste an, darunter die Maler Oskar Kokoschka, Gustav Klimt, Egon Schiele, den Komponisten Franz Léhar und den Architekten Otto Wagner. 1930 wurde das Café neu gestaltet, 2003 die Gestaltung von Loos aber rekonstruiert. 2009 wurde das Café geschlossen, soll aber im Oktober 2010 nach erneutem Umbau wieder eröffnet werden.

Weitere Cafés (siehe Kapitel Konditoreien)

Sacher

Demel

1.2 Bekannte Cafés - Deutschland

Café Prinzess, Regensburg
Rathausplatz 2
Das Café Prinzess in Regensburg wurde bereits 1686 als erstes Café-Haus in Deutschland geöffnet. Französische Kaufleute brachten damals den Kaffee nach Regensburg. Durch den immerwährenden Reichstag, der sich regelmäßig in Regensburg versammelte, bestand Nachfrage nach kultivierter Geselligkeit. Bereits zehn Jahre vorher hatte man mit der Produktion von Pralinen begonnen. Später wurde das Café zum Hoflieferanten des Fürsten von Thurn und Taxis.

Kranzler, Berlin ✎
Kurfürstendamm 18
Das Berliner Café Kranzler gehört zu den bekanntesten Cafés Deutschlands. Bereits 1835 an der Ecken Friedrichstrasse/Unter den Linden als Erweiterung einer vom Wiener Zuckerbäckergesellen Johann Georg Kranzler 1825 eingerichteten Konditorei eröffnet, war es einst Treffpunkt der Berliner ‚Oberen Zehntausend'. Im Jahr 1932 eröffnete das Kranzler am Kurfürstendamm eine Filiale. 1944 wurde das Stammhaus und 1945 die Charlottenburger Filiale durch Bomben zerstört. Das Kranzler am Kurfürstendamm wurde 1951 aber in einem modernen Flachbau wieder eröffnet, der jedoch 1957 abgerissen wird, um einem repräsentativeren Bau zu weichen. 1958 wird dort das Kranzler wieder eröffnet. Am Ende des Jahrtausends ist das Kranzler wieder durch einen Neubau bedroht, dem neuen Kranzler Eck. Der 1950-Jahre-Bau bleibt jedoch bestehen, eine Filiale des Modekonzerns Gerry Weber zieht ein. Dieser belässt das Café in der Rotunde, die auf dem Flachbau sitzt. Das Café Kranzler verkleinert damit

seine Fläche, doch die rot-weißen Markisen, das Markenzeichen des Cafés, bleiben zumindest erhalten.

Coffebaum, Leipzig
Kleine Fleischergasse 4
Das Coffebaum gilt als eines der ältesten durchgehend betriebenen Café-Restaurants Europas. Bereits 1720 erhielt das Haus, in welchem das Café sitzt, nach der schmückenden Portalplastik den Namen ‚Zum Arabischen Coffe Baum', was heute als Gründungsdatum interpretiert wird.

Kaffeehaus Riquet, Leipzig
Schuhmachergäßchen 1
1908 erbaut der Architekt Paul Lange für die Firma Riquet in der Innenstadt Leipzigs ein Geschäftshaus, das damals zu den originellsten Neubauten der Stadt gehörte. Um auf die Handelstradition der Firma Riquet mit Ostasien hinzuweisen setzt er dem Gebäude Dachtürmchen im chinesischen Stil auf. Die Eingangstür flankieren kupferne Elefantenköpfe. Noch heute zeichnet sich der Innenraum des Cafés durch denkmalgeschützte Gestaltung der vorletzten Jahrhundertwende aus.

Café Einstein, Berlin
Kurfürstenstraße 58
Unter den Linden 42
Das Stammhaus des Café Einstein in der Schöneberger Kurfürstenstrasse befindet sich in der ehemaligen Villa der Stummfilm-Schauspielerin Henny Porten.
1996 eröffnete der Künstler Gerhard Uhlig *Unter den Linden* ein weiteres Café Einstein, das zum Treffpunkt von Politik, Wirtschaft und Medien geworden ist und mittlerweile das Stammhaus an Bekanntheit übertrifft. Im Café finden Autorenlesungen und Photo-Ausstellungen statt.

Café König, Baden-Baden
Lichentaler Str. 12

Die Zeitschrift Feinschmecker zählte in ihrer Erstausgabe aus dem Jahr 2005 das Café König zu den besten Cafés Deutschlands. Der italienische Gourmetführer Gamberto Rosso zählt die Konditorei König zu den besten Schokoladenfachgeschäften Europas. Der Caféinhaber Volker Gmeiner ist einer von zwei Spitzenkonditoren in Deutschland, welche in den exklusiven Kreis *Relais Desserts* aufgenommen wurden.

Literaturhaus Café, Hamburg ✎
Schwanenwik 38

Das Literaturhaus Hamburg vereint unter seinem Dach u.a. eine literarische Buchhandlung, ein Literaturzentrum und ein Literaturhauscafé, welches einen Festsaal mit Marmorsäulen und Kronleuchtern aufweist.

Café Toscana, Dresden
Schillerplatz 11

Martin Walser schrieb 1991 im Roman ‚Die Verteidigung der Kindheit': ‚*Eierschecke gibt es außerhalb Sachsens nur ersatzweise und innerhalb Sachsens nirgends so gut wie im Toscana*'. Im Café Toscana kann man nicht nur Eierschecke essen, sondern auch einen Blick auf die bekannte Elbbrücke ‚Das Blaue Wunder' werfen.

Engel's Eck, Timmendorfer Strand
Am Platz 3

Im Café Engel's Eck im Ostseeort Timmendorfer Strand finden sich öfters Prominente ein. Gesehen wurden bereits etwa Beckenbauer, Uwe Seeler, Otto Waalkes, Hans-Dietrich Genscher oder die Klitschko-Brüder. Das Café hat deshalb den Spitznamen Café Wichtig.

Luitpold Café, München
Brienner Str.11

Mit dem Hofbräuhaus hat München das berühmteste Restaurant der Welt. Etliche Kopien gibt es (beispielsweise einen perfekten Nachbau in Las Vegas) und Hofbräuhaus in München ist auch irgendwie eine Kopie, denn das Original wurde im Krieg zerstört. Im Krieg wurde eine weitere bedeutende Münchner Lokalität zerstört, die zeitweise fast so berühmt war – das Café Luitpold. Mit diesem Café-Paukenschlag hatte München eine Sensation geschaffen und sich als Kaffeehausstadt etabliert. Die *Illustrirte Zeitung*, damals Deutschlands größtes Blatt, widmete am 1. September 1888 eineinhalb Seiten dem gerade eröffneten ‚Raumwunder'. Der Hauptsaal wurde als Raum geschildert, *‚wie ihn kein anderes öffentliches Etablissement besitzt'*, 38 Marmorsäulen und 42 Pilaster tragen seine bis 9 Meter hohen Decken. Im Jahre 1889 meint ein Reiseführer laut Webseite des Café Luitpold:

„Dieses gewaltige, ca. 2000 Personen fassende Etablissement, ganz neu erbaut, dürfte auf dem Continent als Unicum dastehen und zwar nicht bloß seiner räumlichen Ausdehnung, sondern auch hauptsächlich seiner künstlerischen Ausschmückung halber, die alles bisher Dagewesene in den Schatten stellt."

Das Café-Restaurant Luitpold wurde damals als *Kaffeeschloss* bezeichnet. Doch das Schloss geht im Bombenhagel des Zweiten Weltkriegs unter. Nach bescheidenem Wiederbeginn eröffnen die neuen Eigentümer Marika und Paul Buchner das Café nach einer Revitalisierung der Bausubstanz 1962 neu. Bald wird das Café wieder unter die besten zehn Kaffeehäuser der Welt gezählt. Im September 2010 wird erneut eine Sanierung abgeschlossen und obwohl nicht mehr so berühmt wie früher zählt das Luitpold weiterhin zu den ersten Caféadressen Süddeutschlands.

1.3 Bekannte Cafés – Österreichs, Schweiz

Café Odeon, Zürich ✎
Limmatquai
Am 1. Juli 1911 eröffnete in Zürich das Grand Café Odeon, ein prächtiges Jugendstil-Kaffeehaus. Schon in den folgenden Jahrzehnten wurde das Odeon zu einem wichtigen Intellektuellentreffpunkt und zu einem Anlaufpunkt örtlicher, durchreisender und sich im Schweizer Exil befindlicher Schriftsteller, Dichter, Musiker, Maler und Politiker. Darunter waren Namen wie Franz Werfel, Stefan Zweig, Franz Wedekind, Karl Kraus, Kurt Tucholsky, Alfred Kerr, Ernst Rowohlt, Klaus Mann und James Joyce. Auch Albert Einstein und Wladimir Iljitsch Lenin waren im Odeon zu Gast. Etwas verkleinert setzt das Odeon bis heute in der Originalinneneinrichtung seine Tradition fort.

Grand Café Huguenin, Basel
Barfüsserplatz 6
Das Café Huguenin ist in der Schweiz als Schauplatz der TV-Serie Café Bale bekannt, in welcher sich im Café immer wieder amüsante Begebenheiten zutragen.

Café Schiesser, Basel
Marktplatz 19
Die 1870 gegründete Confiserie Schiesser liegt direkt am Basler Marktplatz. Vom Café der Konditorei bietet sich ein schöner Blick auf das gegenüberliegende mittelalterliche Rathaus Basels und auf das Treiben auf dem Marktplatz mit seinem dichten Straßenbahnverkehr.

Café de Paris, Genf
Rue du Mont-Blanc 26
Einst ein Kaffeehaus ist das Café de Paris heute eher ein Feinschmeckerrestaurant. Der amerikanische Schriftsteller

Paul Erdman (1932-2007) schreibt in seinem Bestseller ‚The last days of America' (1984): Wir sind ins *Café de Paris* gegangen, welches die beste Sauce d'entrecôte der ganzen Welt zubereitet'.

Café Tomaselli, Salzburg
Alter Markt 9
Das 1705 gegründete Café gilt als ältestes „original Wiener Caféhaus" Österreichs. Karl Tomaselli erhielt bereits 1753, drei Jahre vor Mozarts Geburt, Wappen und Titel für seine Verdienste um die Kaffeehauskultur. Das Kaffeehaus blieb seit seiner Gründung bis heute im Besitz der Familie Tomaselli und gehört heute zu den Wahrzeichen Salzburgs.

Theatercafé, Graz
Mandellstr. 11
1885 unter dem Namen Café Aufschläger gegründet ist das Theatercafé heute vor allem durch seine Kleinkunstbühne überregional bekannt.

Weitere Cafés, die als Konditoreien bekannt sind

Sprüngli, Zürich
Schober, Zürich
Jindrak, Linz
Zauner, Bad Ischl

1.4 Cafés in Frankreich und Belgien

Café de Flore, Paris ☕
172, Boulevard Saint-Germain
Das Pariser Café de Flore wurde 1887 gegründet. Um 1913 nutzten die Dichter Guillaume Apollinaire (1880-1918) und André Salmon (1881-1969) das Café als Redaktionsbüro ihrer Zeitung ‚Les soirées de Paris', wo sie Gäste zu festgelegten Zeiten empfangen. Im Frühjahr stellte Apollinaire im Café André Breton (1896-1966) Philippe Soupault (1897-1990) vor. Apollinaire hatte so die Grundlage für die Entstehung der dadaistischen Gruppe gelegt. Noch im selben Jahr erfindet Apollinaire den Begriff ‚Surrealismus'. Als der rumänische Dadaismus-Mitbegründer Tristan Tzara (1896-1963) 1919 nach Paris zieht, bringen ihn seine dadaistischen Freunde ins Café de Flore, weil dort der mittlerweile gestorbene Apollinaire gewirkt hatte. Im Jahr 1922 trifft sich die Redaktion der Literaturzeitschrift ‚Le Divan' regelmäßig im de Flore. In den 1930er Jahren finden sich Café de Flore Gäste wie Trotzki und Chou En-Lai, viele französische Regisseure und die Maler (und Bildhauer) Picasso und Giacometti ein. Während der Besatzungszeit des Zweiten Weltkriegs, Deutsche sind während dieser Zeit im de Flore nicht zu sehen, geht das Leben im Café weiter. Die Dichter Léon-Paul Fargue (1876-1947) und Maurice Sachs sitzen damals jeden Tag im Café de Flore. Sartre erfindet hier den Existenzialismus. Die Schauspielerin Simone Signoret (1921-1985) schreibt später in ihrer Biographie, sie sei eines Tages im März 1941 auf einer Bank des Café de Flore ‚geboren' worden. Nach dem Zweiten Weltkrieg wird das Café zum Treffpunkt der Existenzialisten mit der Sängerin Juliette Gréco (*1927) als Muse und Boris Vian (1920-1959) spielt im Café Trompete und schreibt an Gedichten. In den 1960er Jahren wird das Café Treffpunkt von Schauspielern, Modedesignern und Künstlern.

Café Procope, Paris
13, rue de l'Ancienne Comédie
Das Procope wurde bereits 1686 vom Italiener Francesco Procopio dei Coltelli gegründet und ist damit das älteste Café von Paris. Bereits um 1690 war das Café ein Treffpunkt der Schauspieler der Comédie Français. Später verkehrten hier unter anderem Voltaire, Danton, Robespierre, Molière, Diderot und Benjamin Franklin. Heute ist das Procope mehr ein Feinschmeckerrestaurant als ein Café und für den Besuch ist eine Reservierung nötig.

Les Deux Magots, Paris
6, place Saint Germain-des Près
Das 1885 gegründete Café les Deux Magots hat eine wichtige Rolle im literarischen Leben von Paris Ende des 19. Jahrhunderts gespielt. Zu den Stammgästen gehörten die Schriftsteller Paul Verlaine (1844-1896), Arthur Rimbaud (1854-1891) und Stéphane Mallarmé (1842-1898). Im Jahr 1933 stiftete das Café den Literaturpreis Le Prix des Deux Magots. Künstler, Schriftsteller und Intellektuelle wie die Surrealisten um André Breton, André Gide, Picasso, Hemingway, Sartre und Simone de Beauvoir und verkehrten im Café. Im Café verkehrte nicht nur der Regisseur Francois Truffaut, es diente auch als Kulisse etlicher Filme, so ‚Sous le signe du Lion' von Eric Rohmer, ‚Sabrina' von Sydney Pollock und ‚*Everybody says I love you*' von Woody Allen. Heute ist Les Deux Magots Stammcafé des französischen Sängers und Schriftstellers Yves Simon (*1944).

La Closerie des Lilas, Paris
171, blvd du Montparnasse
La Closerie war einst eine Poststation auf dem Weg nach Fontainebleau. In der Nähe lagen die Veranstaltungsräume des Bullier-Balls, im 18. Jahrhundert der wichtigste Ball von Paris. Die Closerie mit ihren violetten Fliederbäumen

war das Café, in welchem man sich vor und nach dem Ball traf. Emile Zola traf hier seinen Freund Paul Cezanne und Théophile Gautier und die Brüder Goncourt waren hier Stammgäste. Anfang des 20. Jahrhunderts wurde die Closerie zum Stammcafé des Dichters Paul Fort (1872-1960). Auf der Terrasse spielte er einmal mit Lenin Schach. Auch Guillaume Apollinaire war Stammgast im Café und führte den Schriftsteller Alfred Jarry in die Runde ein. Dieser saß im Café einmal neben einer ziemlich unterkühlten Schönheit. Da er es Leid war, von ihr nicht beachtet zu werden, zog er eine Pistole aus der Tasche, zerschoss den Spiegel vor ihr und meinte dann „*Fräulein, jetzt wo das Eis gebrochen ist, können wir ja miteinander reden*". Im Jahr 1922 gab es dann wieder eine Aufregung: eine Auseinandersetzung im Café zwischen Tristan Tzara und André Breton markierte das Ende der surrealistischen Bewegung. Zur Prohibitionszeit (1919-1933) wurde La Closerie zum Lieblingscafé amerikanischer Expatriates, die hier ungestört trinken konnten, wie Scott Fitzgerald und Henry Miller. Ernest Hemingway machte La Closerie des Lilas schließlich zu seinem Pariser Stammcafé. Andere Gäste waren unter anderem Picasso, Oscar Wilde, Samuel Beckett und Jean-Paul Sartre.

Angélina, Paris
226, rue Rivoli
Angélina wurde 1903 vom österreichischen Zuckerbäcker Anton Rumpelmayer gegründet, der es nach seiner Schwiegertochter benannte. Eher Teesalon als Café hat es sich bis heute seine feierliche Einrichtung aus der Jahrhundertwende bewahrt. Zu den Gästen gehörten Proust, Coco Chanel und alle wichtigen Pariser Couturiers.

A la Mort subite, Brüssel
Rue Montagne aux herbes potagères 7
Im Jahre 1910 führte Theophile Vossen ein Etablissement, das La Cour Royale hieß und von vielen Mitarbeitern der nahe gelegenen Belgischen Nationalbank besucht wurde. Diese spielten dort in der Mittagspause Karten. Bevor es zurück ins Büro ging, gab es noch eine schnelle letzte Runde und derjenige der sie verlor galt als ‚Mort subite', als schneller Tod. Als Vossen seine Kneipe an einen neuen Standort verlegte, erinnerte er sich an diesen Ausdruck und beschloss sie, wie auch eines seiner Biere, ‚A la Mort Subite' (‚zum plötzlichen Tod') zu nennen. Heute führt die Familie Vossen die Café-Kneipe bereits in der vierten Generation und in der Originaleinrichtung aus dem Jahre 1928.

La fleur en papier doré, Brüssel
Rue des Alexiens 53
La fleur en papier doré (‚Goldpapierblume') war einst Treffpunkt der Brüsseler Surrealisten um René Magritte (1898-1967) und seiner Frau Georgette. Im Café kamen neben Magritte unter anderem die Künstler Paul Rouge, Louis Scutenaire, Marcel Lecomte, Charles Plisnier und der Comiczeichner Georges Remi (Künstlername Hergé) zusammen. Im Café hängt ein Photo, auf dem die meisten der genannten Künstler zusammen vor dem Café posieren. Die Inneneinrichtung des Cafés hat eine leicht surreale Anmutung, die Wände sind durch Bilder und surreale Sprüche dekoriert.

Metropole, Brüssel
Place de Brouckère 31
Das Café Metropole in der Brüsseler Innenstadt gehört zum 1895 erbauten Hotel Metropole. Seine gediegen rotbraune Einrichtung mit Lederbänken, marmorverkleideten

Säulen, Stuck und Kronleuchtern beeindruckt. Das Café gilt als eines der schönsten Europas.

Le Roy d'Espagne, Brüssel
Grand Place 1
Das Gebäude, in welchem sich das Café befindet, wurde 1697 errichtet und war einst sitzt der Brüsseler Bäckergilde. Über dem Eingang wacht noch immer Sankt Aubertus, der Schutzpatron der belgischen Bäcker. An der Fassade findet sich eine Büste von Karl II., der 1697 König von Spanien und Herrscher der Niederlande war, zu denen damals das heutige Belgien gehörte. Nach dieser Büste wird das Haus und das zugehörende Café heute *Roy d'Espagne* genannt. Während der Französischen Revolution beschädigt, wurde das Gebäude 1902 in den Originalzustand zurückversetzt. 1952 wurde hier das noch heute bestehende Café eingerichtet, das viel von Touristen besucht wird.

Café Belga Brüssel
Place Flagey 18
Trendiges Café mit internationalem Publikum, in welchem auch Jazzveranstaltungen stattfinden. Das Café ist im Gebäude eines ehemaligen Radiosenders untergebracht, welches wegen seiner Anmutung auch Paquebot (Ozeandampfer) genannt wird.

Weitere Cafés/Confiserien:

Wittamer, Brüssel
Place du Grand Sablon 13

Café am Sablon-Platz der bekannten Brüsseler Patisserie Wittamer, die für ihre Pralinen bekannt ist und zu den offiziellen Lieferanten des Belgischen Hofs gehört.

1.5 Cafés in Nord- und Westeuropa

Café Sommersko, Kopenhagen
Kronprinsensgade 6
Sommersko bedeutet Sommerschuh. Dies zeigt sich auch an den Wänden des Kopenhagener Cafés Sommersko, die Abbildungen von Sommerschuhen in verschiedenen Farben zieren. Das Café Sommersko gibt es seit 1976. Mittlerweile ist es ein Café-Bar-Restaurant und wegen seiner zentralen Lage in der Innenstadt ganztags voller Gäste.

Café Engel, Helsinki
Aleksanterinkatu 26
Das Café Engel wurde 1989 in einem der ältesten Häuser Helsinkis eingerichtet. Das Erdgeschoß wurde bereits 1765 errichtet. In den 1830ern wurde das Gebäude um 2 Etagen aufgestockt. Der deutsche Architekt Carl Ludwig Engel (1778-1840) gestaltete dabei die Fassade. Engel, der in Berlin studiert hatte, arbeitete zunächst in St. Petersburg und wurde dann zu einem der wichtigsten Architekten Helsinkis. Zu Engels Bauten gehören der Dom am Senatsplatz gegenüber dem Café Engel, die Universitätsbücherei und das Senatsgebäude. Der Senatsplatz ist jedoch weniger belebt als etwa die Fußgängerzone. Vielleicht liegt es daran, dass das Café Engel wegen Renovierungsarbeiten zurzeit ganz geschlossen ist. Im Frühjahr 2011 soll es allerdings wieder eröffnet werden.

Kafé Celsius, Oslo
Radhusgata 19
Das Kafé Celsius ist im angeblich ältesten Haus Oslos untergebracht. Celsius ist ein bekanntes Kulturcafé mit wechselnden Ausstellungen zeitgenössischer norwegischer Photographen.

Café Kronhuset, Göteborg
Postgatan 6-8

Wer sich wie ein König vorkommen will, sollte in Göteborg das Café Kronhuset besuchen, denn das Café befindet sich in einem Gebäude aus dem 17. Jahrhundert in welchem einst der schwedische König Karl XI gekrönt wurde. Im Sommer tragen Rosen im Hof des Cafés, im Winter ein Kaminfeuer zur gediegenen Stimmung bei.

☞ Wer auf Zimt steht, sollte dem *Café Husaren* (Haga Nygata 28 in Göteborg) einen Besuch abstatten. Dort werden die größten Zimtrollen der Welt serviert.

New Piccadilly Café, London
8, Denman Street

Das New Piccadilly (unweit vom Piccadilly Square gelegen) wird im eher an Cafés armen London auch Cathedral of Cafés genannt. Das New Piccadilly ist Schauplatz mehrerer Filme gewesen. So war das Café beispielsweise im Richard-Curtis-Film ‚*The girl in the café*' zu sehen.

Hard Rock Cafe, London
150, Old Park Lane

Am 14. Juni 1971 wurde an der Old Park Lane in London durch Isaac Tigrett und Peter Morton das erste Hard Rock Café eröffnet. Eric Clapton's Lead II Fender-Gitarre war das erste Rock-Erinnerungsstück, welches dem Café als Dekoration überlassen wurde. Später kamen Gitarren von Pete Townsend, Lenny Kravitz und U2 dazu, sowie Schlagzeug von Jimi Hendrix und Ringo Starr. Heute gibt es weltweit mehr als 130 Hard Rock Cafes, die aber keine Kaffeehäuser sind, sondern eher eine Mischung aus Pub und amerikanischem Restaurant darstellen.

Bewleys, Dublin
Grafton Street
Bewleys ist eine Café-Kette in Irland, die bereits im Jahr 1840 gegründet wurde. Zu den am schönsten eingerichteten Bewleys-Cafés gehören die in der Dubliner Grafton Street.

Café Welling, Amsterdam
J.W. Brouwerstraat 32
Das Café Welling ist Treffpunkt von Konzertbesuchern und Amsterdamer Literaten. Photos an den Wänden, zeigen welche niederländischen Schriftsteller und andere Berühmtheiten sich im Laufe der Jahre im Café ein Stelldichein gaben.

Café Americain, Amsterdam
Westerstraat 109
Das zum Eden Amsterdam American Hotel gehörende *Café Americain* wird auch ‚*Wohnzimmer Amsterdams*' genannt. Es ist im Art Déco-Stil der 1920er Jahre eingerichtet.

Café de Unie, Rotterdam
Mauritsweg 35
Das vom Architekten J.J.P. Oud 1924 entworfene *Café de Unie* wurde in einer Baulücke in einer Anmutung errichtet, die sich stark an den damals in den Niederlanden progressiven de Stijl anlehnte. Im Zweiten Weltkrieg wurde die Architekturikone jedoch durch Bomben zerstört. 1986 wurde die Fassade wieder errichtet, da das Grundstück mittlerweile neu bebaut war, jedoch an anderer Stelle. Und wieder findet sich ein Café/Restaurant im Gebäude.

1.6 Cafés in Mittel- und Osteuropa

Nouveau Obecni Dum, Prag
Namesti Republiky 5, Altstadt
Das Repräsentationshaus Obecni Dum, welches neben dem Pulverturm liegt, gilt als eines der Schmuckstücke Prags. Zum Gebäude gehört der Smetana-Saal, in welchem am 28. Oktober 1918 die Unabhängigkeit der Tschechischen Republik proklamiert worden war. Im Erdgeschoss findet sich ein Jugendstilcafé, welches als schönstes Café Prags gilt. Nach einer Renovierung 1994-1997 strahlt es im alten Glanz.

Café Slavia, Prag
Semtanovo nabrezi 1012/2
Vom am Rande der Altstadt unweit der Moldau gelegenen Café Slavia hat man einen Blick auf die Karlsbrücke, den Hradschin und das tschechische Nationaltheater. Der Poet Jiri Kolar (1914-2002) und der Nobelpreisträger Jaroslav Seifert (1901-1986) haben in diesem Café Gedichte geschrieben. Der Plakatkünstler Viktor Oliva (1861-1928) hat hier den Absinthtrinker gemalt, heute ziert das Bild eine Wand des Cafés.

Café Evropa, Prag
Wenzelsplatz 25
Die Einrichtung dieses Cafés im Jugendstilhotel Evropa gilt als altmodisch gediegen. Vor der Wende war das Café ein Treffpunkt der Prager Schwulenszene. Heute erfreuen sich vor allem Touristen an der authentischen Inneneinrichtung mit Kronleuchtern, Spiegeln und Wandtäfelung.

Café Louvre, Prag
Narodni 22
Das 1902 eröffnete Café Louvre gehörte lange zu den führenden Cafés der Stadt. Zu den Gästen gehörten einst

Franz Kafka, dessen Stammcafé Arco heute eine Polizeikantine beherbergt, Albert Einstein während seiner Zeit in Prag (1911-1912) und der tschechische Schriftsteller Karel Capek. Als die Kommunisten 1948 die Macht übernahmen, ließen sie die als bourgeois empfundene Inneneinrichtung des Cafés aus dem Fenster schmeißen. Erst 1992, nach der Wende, wurde durch eine Renovierung an alte Zeiten angeknüpft.

Grand Café Orient, Prag
Ovoncny Trh 19
Dieses Café, das bereits in den 1920er Jahren schloss und erst nach der Jahrtausendwende wieder eröffnet wurde, zeichnet sich durch seinen einzigartigen kubistischen Einrichtungsstil aus. Das Gebäude (Haus der Schwarzen Madonna) und die Inneneinrichtung wurden vom tschechischen Architekten Josef Gocar entworfen.

Café Elefant, Karlsbad
Stara Louka 30
Das Café Elefant in Karlsbad (Karlovy Vary) bestand bereits zu Goethes Zeiten. Heute ist es mit seinen Kronleuchtern, großen Spiegeln und gediegenen Tapeten ein wichtiger Touristentreffpunkt in der Kurstadt.

Café New York Hungaria, Budapest ✎
Erzsebet Körüt 9-11
Einst war das New York Café das eleganteste und populärste unter den 500 Kaffeehäusern, die es Anfang des 20. Jahrhunderts in Budapest gab. Der Schriftsteller Ferenc Molnar soll nach einer Anekdote seinen Schlüssel in die Donau geworfen haben, damit das Café Tag und Nacht offen blieb. Nach langer Pause wurde das New York Café zusammen mit einem Luxushotel im New York Palace neu eröffnet.

Café Macek, Ljubljana
Krojaska 5
Am Flussufer im Zentrum gelegen ist das Café Macek in Ljubljana ein bei jungen Leuten beliebter Ort zum Sehen und Gesehen werden.

Café Jama Michalka, Krakau ✎
Florianska 45
Die farbenfrohe Jugendstileinrichtung aus dem Jahre 1908 des 1895 eröffneten Cafés ist ein Anziehungspunkt für Touristen. Anfang des 20. Jahrhunderts war es ein Treffpunkt polnischer Künstler, Schauspieler und Schriftsteller. Hier wurde das literarische Kabarett Zielony Balonik gegründet. Etliche Künstler verewigten sich mit Zeichnungen an den Wänden, welche noch heute zu sehen sind.

Café Hawelka, Krakau ✎
Marktplatz 34
Lange vor dem berühmten in den 1930ern eröffneten Wiener Café Hawelka gab es bereits in Krakau ein Café namens Hawelka. Die Gründerväter beider Kaffeehäuser kamen übrigens aus Tschechien. Das Krakauer Hawelka entwickelte sich, früher mehr ein Restaurant als ein Café, im 19. Jahrhundert aus einem Kolonialwaren/Delikatessenladen und war in den 1880er und 1890er Jahren in ganz Europa berühmt. Anfang des 20. Jahrhunderts gehörte zu seinen Gästen etwa der Schriftsteller Henryk Sienkiewicz (Quo Vadis).

Kawiarnia Szkocka, Lemberg
Einst gab es drei Zentren der 'polnischen Mathematikerschule': Warschau, Krakau und Lemberg (heute Ukraine). Die *Lemberger Mathematikerschule* bestand 1918-1939 und diskutierte regelmäßig im Kawiarna Szocka (‚schottisches Café') in der Innenstadt Lembergs. Die Ergebnisse der Diskussionen wurden im ‚Schottischen Buch' festgehalten.

1.7 Cafés in Spanien und Portugal

Café A Brasileira, Lissabon ≽
Rua Garret 120
Das Café A Brasileira in Lissabon wurde 1905 gegründet und war Anfang des 20. Jahrhunderts Stammcafé des portugiesischen Schriftstellers Fernando Pessoa (1888-1935). Heute erinnert eine Bronzestatue vor dem Café an den Dichter.

Café Martinho da Arcada, Lissabon ≽
Rua da Prata 4-8
Auch das Café Martinho da Arcada bringt sich mit Pessoa in Zusammenhang. Es war zwar nicht das Stammcafé, sieht sich aber als Lieblingscafé des Dichters.

Café de l'Opera, Barcelona
La Rambla 84
Das Café de l'Opera in Barcelona wurde im Jahre 1929 eröffnet und war seither keinen einzigen Tag geschlossen (das Café ist täglich 18 Stunden geöffnet), selbst im Spanischen Bürgerkrieg ging der Betrieb weiter.
☞: ein beliebter Treffpunkt für Touristen ist auch das *Café de Zurich* an der Plaça Catalunya am beginn der Ramblas. Dem Neubau fehlt es allerdings etwas an Atmosphäre.

Café Commercial, Madrid
Glorieta de Bilbao 7
Das Café Commercial wurde im März 1887 eröffnet und ist damit eines der ältesten Cafés von Madrid. Einst wurde dort ein so wohlschmeckender Kaffee angeboten, dass der Dichter Marcial Guareno diesem ein paar Zeilen widmete. In der Nachkriegszeit wurde es vor allem von den Journalisten der Zeitung diario Arriba aufgesucht, deren Büros in der Nachbarschaft angesiedelt waren.

Grand Café de Gijon, Madrid
Paseo de Recolectos 21
Das 1888 gegründete Café de Gijon spielte unter dem Franco-Regime bis zur Demokratisierung eine wichtige Rolle im Literaturleben Spaniens. Es war ein wichtiger Treffpunkt von Intellektuellen, Künstlern und der literarischen Zirkel der Hauptstadt. Das Café ist zudem Schauplatz des seit 1950 jährlich vergebenen Literaturpreises Café Gijon.

Café de Oriente, Madrid
Plaza de Oriente 2
Das Madrider Café de Oriente wurde erst 1983 eröffnet, ist heute aber bereits eines der wichtigsten Literaturcafés von Madrid.

Café Iruna, Bilbao
Calle Berastegui 4
Wunderschönes, im orientalisch anmutenden Mudejarenstil gehaltenes über hundert Jahre altes Café in der Innenstadt von Bilbao.

Café Iruna, Pamplona
Calle Irrunlarrea 6
Das Café Iruna in Pamplona gibt es seit 1888. Weltweit bekannt wurde es als Lieblingscafés Ernest Hemingways. Die Webseite des Cafés wirbt deshalb mit einem Porträt des Schriftstellers.

Café Boulevard, Bilbao
Paseo del Arenal 3
Das 1871 eröffnete Café Boulevard ist Bilbaos ältestes Café. Im Jahr 2006 wurde das Café geschlossen, jedoch im März 2010 nach Abschluss von Renovierungsarbeiten wieder eröffnet.

1.8 Cafés in Italien

Antico Café Greco, Rom
Via dei Condotti 86

Das um 1760 von einem Levantiner eröffnete Café Greco in Rom ist das älteste Café der italienischen Hauptstadt. Dieses Café entwickelte sich schon bald zu einem Anziehungspunkt der Deutschen Künstlerkolonie Roms. Hier war Goethe während seines Romaufenthaltes Stammgast. Der deutsche Landschaftsmaler Karl Philipp Fohr, der 1816 zu Fuß nach Rom gewandert war, hielt die meist deutschen Besucher des Cafés in den Bildern ‚das Café Greco und seine Gäste' fest. Den Zyklus konnte er jedoch nicht vollenden, denn am 19. Juni 1818 ertrank er beim Baden im Tiber. Im Jahr 1856 hielt der österreichische Maler Ludwig Passini ebenfalls ‚Künstler im Café Greco' in einem Gemälde fest. Doch zu dieser Zeit hatte die Bedeutung des Cafés für die deutsche Künstlerkolonie bereits nachgelassen. Denn um 1830 war in Rom der Deutsche Künstlerkreis gegründet worden und etablierte sich bald als Treffpunkt der Deutschrömer.

Antico Caffé della Pace, Rom
Via della Pace 3/7

Eines der wenigen Cafés in Rom mit mitteleuropäischer Kaffeehausatmosphäre. Das seit 1891 bestehende Café ist beliebter Treffpunkt römischer Künstler. Ende des 19. Jahrhunderts trafen sich hier die Maler der späten Römischen Schule.

☞ Den leckersten Kaffee Roms soll es jedoch woanders geben. Das Sant' Eustacchio hat den Ruf, den besten Kaffee der Stadt zu servieren.

Caffé Florian, Venedig
Markusplatz
Das Caffé Florian unter den Arkaden des Markusplatz in Venedig wurde im Dezember 1720 von Floriano Francesconi gegründet und ist damit das älteste Café Italiens. Venedig hatte gute Handelsbeziehungen zum Orient und damit frühen Zugang zu Kaffee. Als ‚Venezia Trionfante' gegründet, wurde es bald nach dem Eigentümer Florian's Café genannt. 1848, als sich die Italiener gegen die Österreicher erhoben, wurden im Café Verwundete gepflegt. Eines Abends, wir schreiben das Jahr 1893, beschlossen an den Marmortischen des Senatorsaals des Cafés Ricardo Selvaticco und seine Künstlerfreunde eine Kunstausstellung ins Leben zu rufen. Daraus ging später die Biennale von Venedig hervor. Auch das Café selbst wurde zum Schauplatz innovativer Kunstausstellungen. Gleichzeitig hat das Café sein historisches Ambiente bis heute bewahrt.

Caffé San Marco, Triest
Via Cesare Battisti 18
Triest ist eine Kaffeehaushochburg, denn hier mischen sich Einflüsse der ausdifferenzierten italienischen Café-Kultur und der österreichischen (Wiener) Kaffeehauskultur. In Triest gibt es einen Kaffeehaufen und Kaffeeröstereien wie San Guisto und Cremcaffé und vor allem Illy sind auch außerhalb der Stadt bekannt.
Die Kaffeehauskultur zeigt sich etwa im Caffé San Marco mit seiner Jugendstileinrichtung und der Vielzahl der ausliegenden Zeitschriften.

Caffé degli Specchi, Triest
Piazza del'Unita Italia 7
Im Caffé degli Specchi in Triest arbeiteten einst Künstler wie Rainer Maria Rilke (1875-1926) und James Joyce (1882-1941), welcher hier Teile des 1914-1921 entstandenen Romans Ulysses schrieb.

Gran Caffé Gambrinus, Neapel
Via Chiaia 1

Das Gran Caffé Gambrinus ist Neapels berühmtestes Caffé. Als Neapel noch Hauptstadt des süditalienischen Königreiches war, war das Caffé Treffpunkt der örtlichen Gesellschaft. Auch als Kunststätte war das Gambrinus früher bedeutsam. Hier wurden Bilder gemalt und Liedtexte geschrieben und Melodien für neapolitanische Volkslieder komponiert. Schriftsteller wie Gabriele D'Annunzio (1863-1938) und Eduardo Scafoglio (1860-1917) gehörten zu den Gästen.

Caffé Pedrocchi, Padua
Via 8 Febbraio 15

Das 1831 eröffnete Café Pedrocchi war einst Treffpunkt von Künstler und Intellektuellen Paduas und wird immer noch von Professoren und Studenten der nahen Universität stark frequentiert. Einst wurde hier auch der Risorgimento, das Wiederentstehen Italiens im 19. Jahrhundert geplant. Noch heute gehört das Gebäude, in welchem sich das Café befindet, wegen seiner neo-klassischen Architektursprache und seines neogotischen Anbaus, der einst für eine Konditorei errichtet wurde, zu den wichtigen Sehenswürdigkeiten Paduas.

Caffé Giubbe Rosse, Florenz
Piazza della Repubblica 13

Das Caffé Giubbe Rosse ist nach den roten Westen seiner Kellner benannt. Es gehörte einst zu den bedeutendsten Treffpunkten italienischer Literaten. Hier trafen sich seit 1909 Exponenten der aus Italien stammenden avantgardistischen Kunstbewegung Futurismus, darunter der Futurismusgründer Filippo Tommaso Marinetti (1876-1944), die Schriftsteller Giovanni Papini (1881-1956), Giuseppe Prezzolini (1882-1982), Carlo Emilio Gadda

(1893-1973) und Eugenio Montale (1896-1981) und der Maler und Bildhauer Umberto Boccioni (1882-1916), dessen Skulptur aus dem Jahre 1913 ‚Einzigartige Formen der Kontinuität im Raum' das italienische 20-Cent-Stück ziert.

Konfiserie-Cafés siehe

Gilli, Florenz

Rivoire, Florenz

Weitere Cafés

Caffé Biffi, Mailand
Corso Magenta 87
Geburtsstätte des Pancetta und des Spritz, einst Treffpunkt von Filmstars, heute Touristencafé.

Caffé Terzi, Bologna
Via Oberdan
Wo die Einheimischen ihren Kaffee trinken.

Caffé Fioro, Turin
Via Po 8
Bereits 1780 eröffnet, einst wichtiger Treffpunkt der Turiner Gesellschaft.

Caffé Baratti e Milano, Turin
Piazza Castello 27
Die Spannweite der Gäste des 1875 eröffneten Cafés reicht von Studenten über Touristen bis zu Fiat-Managern

1.9 Cafés der übrigen Welt

El Fishawi, Cairo
Khan El Khalely

Das Kairoer Café El Fishawi behauptet von sich, seit 1773, als es eröffnet wurde, niemals seine Türen geschlossen zu haben. Es ist Montags bis Sonntags Tag und Nacht geöffnet. Männer und Frauen, Ägypter und Touristen, Menschen und Katzen genießen die Atmosphäre des Cafés mit seinem Markenzeichen, den großen ovalen Spiegeln, die außen an der Wand hängen. Hier trinkt man eher Pfefferminztee als Kaffee und ab und zu wird eine Wasserpfeife geraucht.

Bodeguita del Medio, Havanna
Calle Empredarado

Wer nicht in der Bodeguita del Medio einen Mojito getrunken hat, war nicht in Havanna, sagt ein örtliches Sprichwort. Hier trank einst Ernest Hemingway einen Mojito, der ihm so gut schmeckte, dass er ein Dankesschreiben verfasste. Zu den Gästen gehörten neben Hemingway auch Gabriel Garcia Marquez, Pablo Neruda und andere Schriftsteller, wie an den zahlreichen Photos mit Autogrammen an den Wänden abzulesen ist.
Eigentlich eine Bar und kein Café kann man hier aber auch gut einen Kaffee trinken.

Confeitaria Colombo, Rio de Janeiro
Rua Goncalves Dias 32

1894 wurde in Rio de Janeiro die Confeiteria Colombo als Teesalon im Jugendstil eingerichtet, der bald Anziehungspunkt für das Bürgertum der Stadt sowie für Intellektuelle und Künstler sein sollte. Zur Confeiteria gehört heute ein Restaurant, eine Bar und ein Café (Café do Forte) in Ipanema mit Meeresblick.

Café Tortoni, Buenos Aires 🕮
Avenida de Mayo 825

Das 1858 von einem französischen Einwanderer eröffnete Café Tortoni ist das älteste Kaffeehaus Argentiniens. 1880 zog es an den jetzigen Standort und bis heute hat es sich seine Einrichtung aus der Zeit um 1900 bewahrt. Das Café entwickelte sich bald zum Treffpunkt von Künstlern und Intellektuellen und galt als Lieblingscafés des argentinischen Schriftstellers Jorge Luis Borges (1899-1986). Zu den prominenten Besuchern des Cafés gehörten später auch Hillary Clinton, der spanische König Juan Carlos, Atahulpa Yupanqui und Gabriela Sabatini. Auch Albert Einstein besuchte einst das Café.

Café Ara, Istanbul
Istiklal Caddesi 8

Das Istanbuler Café Ara wurde vor ein paar Jahren vom türkischen Regisseur Jasar Kartoglu eröffnet und ist nach dem berühmten türkischen Photographen Ara Güler (*1928) benannt, der in der Nähe wohnt und dort fast jeden Tag Gast ist. Ara Güler ist armenischer Abstammung und wurde in der Türkei zum ‚Fotograf des Jahrhunderts' gekürt. Er wurde am Taksim-Platz, einem einst armenischen Viertel des Stadtteils Beyoglu, geboren, arbeitete vor allem für die Bildagentur Magnum und ist heute noch als Fotograf tätig.

Starbucks, Seattle
Pike Place 1912

1971 eröffneten die aus San Francisco stammenden Studienfreunde Baldwin, Bowker und Siegl im alten Hafen von Seattle ein Kaffee-, Tee- und Gewürzgeschäft, das sie *Starbucks, Coffee, Tea and Spice* nannten. Starbuck war der Steuermann in Hermann Melville's Roman Moby Dick. In den folgenden zehn Jahren eröffneten sie drei weitere Filialen in Seattle. Eines Tages fiel Howard Schultz, dem Verkaufsleiter einer Haushaltsgerätefirma auf, dass relative viele Bestellungen für qualitativ hochwertige Geräte von der kleinen Westküstenfirma Starbucks eingingen. Er ging der Sache nach und besuchte die Firma. Bisher kannte er nur den für Amerika typischen dünnen Brühkaffee. Vom Starbucks-Kaffee war er so begeistert, dass er sofort für die Firma arbeiten wollte, doch dauerte es noch ein Jahr, bis die Eigentümer seinem Werben nachgingen. Doch bald kam es zum Bruch der Geschäftsbeziehungen, denn Schultz setzte auf die Einrichtung kleiner Kaffee-Bars, um nicht nur die Ingredienzien, sondern auch fertigen Kaffee verkaufen zu können. Schließlich probierte es Schultz auf eigene Faust, hatte damit Erfolg und konnte 1987 Starbucks mit seinen elf Läden für 3.8 Millionen US Dollar kaufen. Schon zwei Jahre später hatte er die Filialzahl auf 55 verfünffacht. Heute hat Starbucks weltweit mehr als 14.000 Filialen (Deutschland: 149, Österreich 10, Schweiz 45), beschäftigt über 170.000 Mitarbeiter und setzt pro Jahr mehr als 9 Milliarden US$ um. Doch mittlerweile ist die Firma an ihre Wachstumsgrenzen gestoßen. Im Jahr 2008 wurden in den USA erstmals 600 Filialen geschlossen. Die erste Filiale findet sich weiterhin am Pike Place 1912 in Seattle.

Café du Monde, New Orleans
French Market, 800, Decatur Street

New Orleans wurde 1718 von den Franzosen an einem natürlichen Damm am Mississippi-Ufer gegründet. Der alte Stadtkern, das Vieux Quartier, wurde von den Amerikanern später French Quarter genannt. Anfangs wechselten sich hier französische, spanische und britische Einflüsse ab. 1771 bauten Spanier das erste French-Market-Gebäude. 1812 wurde es durch einen Hurrikan zerstört und ein Jahr später durch ein Gebäude ersetzt, welches noch heute steht und heute das Café du Monde beherbergt. Mittlerweile gibt es im Großraum New Orleans mehrere Café-du-Monde-Filialen.

Rick's Café, Casablanca
248 Bd Sour Jdid, Place du jardin public

Das musste ja fast so kommen: immer wieder suchten amerikanische Touristen in Casablanca nach Rick's Café, welches es jedoch nur im Film gab. Im März 2004 eröffnete schließlich die Amerikanerin Kathy Kriger, die seit 1998 in Marokko lebt, in Casablanca Rick's Café, das versucht, möglichst nahe an das Film-Original zu kommen. Zur Eröffnung wurde extra ein schwarzer amerikanischer Pianist eingeflogen, dessen Mutter noch für Humphrey Bogart gekocht hatte. Der festangestellte marokkanische Pianist des Restaurants heißt zwar nicht Sam, aber immerhin Issam und muss immer wieder ‚as time goes by' spielen. Das Konzept scheint aufzugehen, denn immerhin besteht das Café-Restaurant bereits seit 6 Jahren.

Al Nawfara, Damaskus
Sharia al Qaimaryya

Dieses Café unweit der Ummayaden-Moschee im Zentrum der Stadt wurde vor bereits über 250 Jahren gegründet und ist damit das älteste Café von Damaskus. Seine Einrichtung ist einfach, dennoch ist es bei Einheimischen wie Touristen beliebt. Abends treten im Café Geschichtenerzähler auf. Die Wände des Cafés sind von Bildern von Geschichtenerzählern und alten Aufnahmen von Damaskus dekoriert.

Coffee House, Kalkutta (Kolkata) ✎
College Street

Indian Coffee House ist heute eine Restaurantkette in Indien. Die berühmteste Filiale ist das Coffee House in der

College Street in Kalkutta gegenüber dem Presidency College (University) Kolkata. 1876 wurde hier die Albert Hall gegründet, 1947 wurde der Name der Einrichtung in Coffee House abgeändert. Im 20. Jahrhundert entwickelte sich das Coffee House zu einem Treffpunkt von Dichtern, Künstlern und Schriftstellern. Zu den berühmten Gästen gehörten der Poet Rabindranath Tagore und der indische Freiheitskämpfer Subhas Chandra Bose. In den 1960er Jahren wurde das Coffee House zum intellektuellen Kampfplatz der bengalischen Literaturbewegung ‚Hungry generation'.

Weitere bekannte Cafés

Pellegrinis Bar& Café, Melbourne
66 Bourke Street
Australischer Kaffeetempel

Noah, Tel Aviv
93 Ahad Haam Street
Café, das bei lokalen Schriftstellern populär ist

Café Baba, Tanger
Sidi Hosni, Kasbah
1943 gegründet, als Tanger noch den 1923 erhaltenen internationalen Status hatte, traf sich hier einst die örtliche Bohème und in den 1970er Hippies und Aussteiger. Heute erinnert allerdings kaum mehr etwas an die frühere Szene.

2. Café-Konditoreien

2.1 Deutschland, Österreich und Schweiz

Sacher, Wien
Philharmonikerstraße 4
Zur Entstehung der Sacher-Torte, der wohl berühmtesten Torte der Welt, gibt es eine interessante Anekdote. Clemens Fürst Metternich soll im Jahre 1832 den Befehl erteilt haben für hohe Gäste einen besonders wohlschmeckenden Nachtisch zu kreieren und ihn mit den Worten begleitet haben ‚*dass er mir aber keine Schand macht heut Abend*'. Doch der Chefkoch lag im Krankenbett und der Auftrag wurde an den gerade erst sechzehnjährigen Kochschüler Franz Sacher weitergeleitet. Der ‚Buam' reüssierte mit seinem Geniestreich und seine Gesellenjahre brachten ihn bis an den Hof der Fürsten von Esterhazy bevor er mit seinen Torten mit Erfolg den Schritt in die Selbstständigkeit wagte. Heute ist das Original-Rezept der Torte ein streng gehütetes Geheimnis des Hauses. Pro Tag werden heute 1000 Sacher-Torten produziert und von Hand glasiert und verpackt. Die Torte soll mit ungesüßter Sahne und Original Sacher Café am besten schmecken.

Demel, Wien
Kohlmarkt 14
Die Konditorei Demel, die im Firmenlogo noch die ehemalige Rolle als K.u.K. Hofzuckerbäcker zeigt, wurde bereits 1786 gegründet. Kaiser Franz Josef und seine Gattin Kaiserin Elisabeth (Sissi) ließen sich einst Demel-Zuckerbäckereien direkt in die Hofburg liefern. Heute ist Demel immer noch ein Inbegriff von Zuckerbäckerkunst und um die internationale Nachfrage zu bedienen gibt es sogar eine Filiale in New York. Von Demel kann man sich für jeden Anlass Sonderanfertigungen kreieren lassen.
Demel-Cafés gibt es in Wien und Salzburg.

Jindrak, Linz
Herrenstraße 22
Im Jahre 1929 eröffnete der Kommerzialrat Leo Jindrak I. in der Linzer Herrenstraße 22 eine erste Konditorei. Heute wird der Betrieb, der mittlerweile 80 Personen beschäftigt und jährlich 80.000 Torten bäckt, von seinem Enkel geführt. Seit über 65 Jahren wird von Jindrak die Linzer Torte gebacken. Jindrak nennt sich heute auch ‚Haus der Original Linzer Torte'. Diese Torten werden nach Unternehmensangaben nicht tiefgefroren, sondern jeden Tag frisch gebacken.
Nach Angaben auf der Homepage von Jindrak gilt die ‚Linzer Torte' als älteste bekannte Torte der Welt. Es ist nicht bekannt, wer sie erfunden oder ihr den Namen gegeben hat, aber bereits seit 1696 ist sie namentlich bekannt. Ein über 300 Jahre altes Kochbuch zeigt, dass man schon damals, wie noch heute, für den Teig als Hauptzutaten Butter, Mandeln, Zucker, Mehl und feine Gewürze verwendet.

Zauner, Bad Ischl
Pfarrgasse 7
Einst residierte das österreichische Kaiserpaar im Sommerhalbjahr in Bad Ischl. Doch die hohen Herrschaften vermissten die Torten Wiens. Der Leibarzt von Kaiser Franz überredete deshalb den Zuckerbäcker Johann Zauner, nach Bad Ischl überzusiedeln. 1832 gründete Zauner dort die noch heute bestehende Konditorei. Viele berühmte Gäste sollten sich im Laufe der Zeit im Stammhaus in der Pfarrgasse in Bad Ischl einfinden, darunter Johann Nestroy und Kaiserin Sissi, die für ihre Vorliebe für Süßes bekannt war. 1927 eröffnete Zauner am Ufer der Traun einen Ableger, das Café Esplanade, bald ebenfalls Treffpunkt illustrer Gäste, so die Operettenkomponisten Franz Lehar und Leo Fall und die Sänger Leo Slezak und Richard Tauber.

Zauner ist heute die Konditorei mit dem größten Kuchenbuffet Österreichs. 22 Zuckerbäcker sind für Zauner tätig. Zu Zauner-Spezialitäten gehören *Ischler Oblaten*, *Zauner Stollen*, *Zauner Guglhupf* und *Ischler Törtchen*.

Sprüngli, Zürich
Bahnhofstrasse (am Paradeplatz)
1836 übernimmt David Sprüngli eine Konditorei am Marktplatz in Zürich und legt damit den Grundstein des Unternehmens Sprüngli. 1845 begann Sprüngli mit der Schokoladenproduktion. 1859 wird die noch heute bestehende Confiserie am Paradeplatz eröffnet, die sich schnell zur ersten Adresse für Konditoreiwaren in Zürich entwickelt.

Schober, Zürich
Napfgasse 4
1842 wurde in der Altstadt von Zürich, unweit des Grossmünsters, Eberle's Süsskramladen gegründet. 1874 übernahm Theodor Schober den Süsskramladen. 1890 wurde der Laden im noch heute dort zu findenden Neobarockstil umgestaltet. Nach 50-jähriger Tätigkeit als Konditor übergab Theodor Schober 1909 die Konditorei an seinen Sohn Theodor Schober Junior. Dieser führte das Geschäft 66 Jahre lang, bis 1975. Dann pachtete die Konditorei Teuscher die Konditorei für 32 Jahre. Im Jahre 2007 lief der Pachtvertrag aus und die Konditorei stand erstmals leer. 2009 wurde die Konditorei von Michel Péclard im alten Standard mit viel Liebe zu Qualität und Präsentation unter dem Motto ‚*Der Schober blübt der Schober*' wiedereröffnet.
☞ Was für die Züricher Schober (bzw. Sprüngli) ist, ist für die Basler Schiesser eine seit 1870 bestehende Confiserie am Basler Marktplatz, dei für leckere Süssigkeiten bekannt ist.

Leysieffer, Osnabrück
Krahnstraße
1909 eröffnete Ulrich Leysieffer mit seiner Frau Emilie in Osnabrück ein Konditorei-Café. 1936 begann er mit der Pralinenherstellung. Im Krieg wurde das Geschäft zerstört, doch 1950 konnte es zusammen mit der Pralinenproduktion wieder eröffnet werden. Ab den 1960er Jahren begann Leysieffer rasch zu wachsen. Heute gibt es 18 Leysieffer-Confiserien (darunter an 4 Standorten in Berlin) in 11 deutschen Städten. Als Stammhaus kann dabei das Geschäft in der Krahnstrasse in Osnabrück gelten.

Niederegger, Lübeck
Breite Straße (gegenüber Rathaustreppe)
Im Jahre 1806 übernahm der 1777 in Ulm geborene Konditor Johann Georg Niederegger auf eigene Rechnung die Lübecker Konditorei Maret. In den folgenden Jahren wurde Niederegger zum führenden Konditor der Stadt. Vor allem der Marzipan, der im 19. Jahrhundert bis an den Zarenhof in Russland geliefert wurde, machten Niederegger (und Lübeck als Marzipanstadt) berühmt. 1871 wurde in der Lübecker Breiten Straße gegenüber dem Rathaus eine Konditorei mit Café eingerichtet. 1942 wird das Café bei einem Bombenangriff zerstört, 1948 an gleicher Stelle jedoch wieder aufgebaut.

Van den Daele, Aachen
Buechel 18/ Ecke Koerberstr.
Der Belgier Leo van den Daele gründete 1890 in Aachen unter seinem Namen eine Konditorei. Bald war sie wegen ihrer kunstvollen Printen- und Spekulatiusfiguren bekannt. Denn Van den Daele hatte spezielle Formen fertigen lassen um ganz besondere Printen mit zudem aufwendigen Rezepten pressen lassen zu können. Bald nannte man Van den Daele in Aachen auch den Printenbaron. Printen ist

übrigens der Aachener Ausdruck für Lebkuchen. Lebkuchen wurden im Mittelalter im belgischen Dinant erfunden und breiteten sich über Aachen in Mitteleuropa weiter nach Osten aus, so nach Frankfurt, Nürnberg und Thorn, die bald als Lebkuchenstädte bekannt wurden.

Das Aachener Printenhaus, Café und Weinstube Van den Daele sitzt heute in einem Gebäude aus dem Jahr 1655, das einst aus vier unterschiedlichen Häusern bestand, die im Laufe der Zeit zusammengeführt wurden. Innen ist das Café mit Schränken und Vitrinen aus der Blütezeit des Aachen-Lütticher-Barock möbliert. Zusätzlich ist eine Sammlung von Printenmodeln und Waffeleisen zu bestaunen.

Café Reber, Bad Reichenhall
Ludwigstr. 10
‚In Bad Reichenhall gewesen zu sein, ohne dem Café Reber einen Besuch abzustatten, bedeutet, Bad Reichenhall nicht gesehen zu haben, so wirbt das Café Reber auf seiner Homepage. Das Café stellt jährlich Millionen von Reber-Mozartkugeln her, denn ‚Praliné-Pasteten kauft man bei Reber', so die Firma. Das Mozart-Thema wird nicht nur kugelförmig ausgekostet. Vor dem Café steht ein lebensgroßes W.A. Mozart-Bronzedenkmal und zusätzlich, sitzend, eines von Mozarts Frau Constanze.

> Eine Konditorei mit einem originellen Produkt, jedoch ohne zugehörigem Café, gibt es in Aalen. Dort ist die *Konditorei Amman* der einzige Hersteller der Schokoladenfigur **Aalener Spionle,** welche an eine (angebliche) historische Begebenheit erinnert. Aalen wurde einst vom kaiserlichen Heer belagert. Da schickten die Aalener einen der ihren als Spion hinter die feindlichen Linien. Die Wachleute fingen ihn jedoch ab und führten ihn dem Kaiser vor. Der Aalener Spion gab seine Mission treuherzig und ehrlich zu und der Kaiser musste darüber so lachen, dass ihm nichts geschah. Bald zogen die Truppen ab und ließen das Spionle vor den Stadttoren zurück.

2.2 Berühmte Café-Konditoreien – übriges Europa

Gilli, Florenz
Piazza dell Republica 36 9r
Im Jahre 1733 eröffnete die aus der Schweiz stammende Familie Gilli in Florenz ‚*La Bottega dei Pani Dolci*', dessen Konfiseriewaren von Anfang an auf große Nachfrage stießen. Nach dem Zweiten Weltkrieg entwickelte sich Gilli zu einem beliebten Treffpunkt der Jugend von Florenz und bald hatten auch die Touristen die Konfiserie entdeckt. Schließlich fanden sich sogar Hollywoodstars im Café ein. Heute sieht sich Gilli als ‚*gute Stube von Florenz*'.

Rivoire, Florenz
Piazza della Signoria
Im 19. Jahrhundert war Florenz für kurze Zeit Hauptstadt Italiens. Dies löste Gründungsaktivitäten und einen Wirtschaftsboom aus. Zu dieser Zeit, wir schreiben das Jahr 1872, eröffnet im Herzen von Florenz ein Schokoladengeschäft, das das Ziel hat, die beste Schokolade der Stadt anzubieten. Diese wird auf handwerkliche Art nach einem Geheimrezept hergestellt. Bald spricht sich die Qualität der angebotenen Süßwaren in der Stadt herum und ein Besuch bei Rivoire wird zu einem Must für Florentiner und Touristen.

Café Gerbeaud, Budapest
Vörösmaty ter 7-8
Das bereits 1858 gegründete Café Gerbeaud mit seinen Marmortischchen und Kronleuchtern ist für seine Kuchen und für seine Konfiserien bekannt, darunter die berühmten Tokay-Bonbons.

Konditorei Ruszwurm, Budapest
Szentahromsag u. 7
Die im Burgviertel gelegene Konditorei Ruszwurm ist bereits 1827 gegründet worden und damit das älteste Kaffeehaus der Stadt. Auch die Einrichtung des eher kleineren Cafés stammt aus der Gründungszeit und spiegelt damit den Stil der 1830er Jahre wieder. Einst wurden im Ruszwurm so leckere Kuchen hergestellt, dass Kaiserin Elisabeth (Sissi) Kuriere schicken ließ, damit die Backwaren rechtzeitig zum Frühstück bei ihr ankamen.

Kaffee Mayer, Bratislava
Hlavne namestie 4
1873 gründete der Hofkonditor Julius Mayer am zentralen Platz der Innenstadt des damaligen Pressburg (Bratislava) das Café Mayer (heute Kaffee Mayer). Stammgast war einst das Stadtoriginal ‚*der schöne Naci*' (1897-1967). Ihm zu Ehren wurde 1997 vor dem Café eine lebensgroße Naci-Statue aufgestellt. Unter dem Kommunismus war das Café geschlossen, doch 1993 wurde es wieder eröffnet.

Café Ekberg, Helsinki
Bulevarden 9
Das Café Ekberg, dessen Geschichte in die 50er Jahre des 19. Jahrhunderts zurückgeht, gehört zu den Café-Veteranen der finnischen Hauptstadt. Zum Café gehört eine Konditorei, die den lokal bekannten Napoleon-Kuchen herstellt.

Bla Porten, Stockholm
Djurgardsvägen 64
Das Café/Restaurant ist vor allem für seinen lauschigen Garten bekannt. Bei schlechtem Wetter lässt sich diese Oase der Ruhe in der Großstadt jedoch weniger goutieren, doch tröstet dann immer noch die gute Kuchenauswahl.

Café Maiasmokk, Tallinn
Pikk 16
Das 1864 eröffnete Maiasmokk ist das älteste Café Tallinns. Es hat sich seine atmosphärische altertümliche Vorkriegseinrichtung bewahrt. Maiasmokk (Estnisch für ‚süßer Zahn') wird seinem Namen durch eine große Auswahl von Kuchen und anderen Konditoreiwaren gerecht.

Konditorei Mysak, Prag
Vodickova 31
1910 kaufte der Prager Frantisek Mysak ein Haus unweit vom Wenzelsplatz und richtete dort eine prunkvolle Konditorei ein, die bald zum Treffpunkt von Künstlern, Schriftstellern und Politikern werden sollte. Vor allem für sein Marzipandessert war Mysak bekannt. Zu den Gästen gehörte beispielsweise der erste tschechoslowakische Staatspräsident Masaryk. 1950 wurde die Inhaberfamilie Mysak enteignet, ein Café namens Mysak gab es aber weiterhin bis 1988. Kurz vor der Wende musste dieses Café schließen. 2009, zwanzig Jahre später, eröffnete Mysak wieder und versucht mit einem Retro-Einrichtungsstil an die alte Tradition anzuknüpfen.

Konditorei Hauer, Budapest
Rakoczi ut 47-49
Die Von Rezsö Hauer 1896 in Budapest gegründete Konditorei gehörte bald zu den größten Patisserien Ungarns und wurde zu einem beliebten Treffpunkt wohlhabender Bürger. Nach dem Ersten Weltkrieg begann Hauer auch Schokolade und Pralinen herzustellen. Heute ist Hauer in Budapest für seine Kuchen und Torten bekannt.

3. Cafés, welche es nicht mehr gibt

Berlin, Romanisches Café ⌦
Das am Kurfürstendamm gelegene 1916 im ‚Romanischen Haus' eingerichtete Romanische Café war einst ein bevorzugter Künstler- und Intellektuellentreff in Berlin. Hier verkehrten unter anderem Gottfried Benn, Bertold Brecht, Alfred Kerr, Egon Erwin Kisch, Max Liebermann und Stefan Zweig. Die Machtübernahme der Nazis bedeutete jedoch ein Ende seiner Rolle als Künstlercafé. Bei einem Bombenangriff im November 1943 brannte das Haus völlig aus. Ab 1963 wurde auf dem Grundstück das Europa-Center errichtet. Heute erinnert dort eine Gedenktafel an den ehemaligen Standort des Cafés.

Frankfurt, Café Bauer
Das 1885 eröffnete Café Bauer wurde wegen seiner zentralen Lage, seiner großzügigen Räume, die einen Billardsaal einschlossen, und seiner Ausstattung bald zum führenden Kaffeehaus Frankfurts. Das zweigeschossige Café war durch eine Innenausmalung mit 100 Bildfiguren auf Tapetbögen dekoriert. Das Café wurde ein Opfer der Wirtschaftskrise und 1930 geschlossen. Das repräsentative Gebäude, in welchem es sich befand wurde im Zweiten Weltkrieg zerstört und später durch einen Neubau ersetzt.

Salzburg, Grand Café Winkler
Das von Hermann Winkler 1946 eröffnete Grand Café Winkler war ein Terrassencafé auf dem Mönchsberg in Salzburg mit herrlicher Aussicht über die Stadt. Ende der 1970er Jahre ging bei einem Totalumbau bereits die ursprüngliche Atmosphäre des Cafés weitgehend verloren. Ende der 1990er Jahre kam es schließlich zu einem Abbruch des Cafés, um Platz für das Museum der Moderne Mönchsberg zu schaffen.

Berlin, Café des Westens

Das Café des Westens fand sich von 1898 bis 1918 am Kurfürstendamm Ecke Johannistaler Straße, dem späteren Kranzler-Eck. 1893 eröffnete hier das ‚*Kleine Café*', welches 1898 in ‚*Café des Westens*' umbenannt wurde. Bald hatte es den Spitznamen ‚*Café Größenwahn*' und wurde zu einem Künstler- und Intellektuellentreffpunkt. Im Café wurden die ersten Kabaretts Deutschlands und die Dreigroschenoper konzipiert. Am Stammtisch des Malers Max Liebermann fanden sich Literaten und Kritiker wie Alfred Kerr ein. Am Komponistenstammtisch von Paul Lincke war unter anderem Walter Kollo anzutreffen. Der Künstlerkreis ‚die Brille' um Max Reinhardt und Christian Morgenstern traf sich regelmäßig im Café. Doch das Café war bei konservativen Kreisen der Stadt im Vorfeld des Ersten Weltkriegs nicht gut gelitten. 1913 beschloss der Besitzer Ernst Pauly in den Union Palast in der Kurfürstenstrasse 26 umzuziehen. Die Künstler zogen jedoch nicht mit, das Ende des Cafés als literarisches Treffpunkt. Die Literatenszene verlagerte sich ins unweit gelegene Romanische Café.

Wien, Café Herrenhof

Das 1918 eröffnete Café Herrenhof befand sich in der Herrengasse im 1. Wiener Bezirk. In den 1920er Jahren war es einer der wichtigsten Treffpunkte Wiener Schriftsteller. Zu den Stammgästen gehörten unter anderem Hugo von Hofmannsthal, Egon Erwin Kisch, Robert Musil, Joseph Roth, Friedrich Torberg und Franz Werfel. Friedrich Torberg hat im Erzählband ‚Die Tante Jolesch' die damalige Atmosphäre des Cafés beschrieben. 1961 schloss das Café und das Gebäude, in welchem es sich befand, wurde abgerissen. Die Literatenszene verlagerte sich daraufhin ins Hawelka.

Wien, (altes) Café Griensteidl
Das 1847 vom Apotheker Heinrich Griensteidl eröffnete Café wurde bald zu einem Treffpunkt Wiener Literaten. Hier verkehrten unter anderem Franz Grillparzer, Hugo von Hofmannsthal und Arthur Schnitzler. Das Café war zudem zeitweise auch Hauptquartier der österreichischen Arbeiterbewegung, deren prominente Figuren wie Victor Adler und Friedrich Austerlitz hier verkehrten. Wichtig war das Café auch ab 1880 als Sammelplatz der Jung-Wien-Autoren um Hermann Bahr sowie der konkurrierenden konservativen Künstlergruppe Iduna. Im Rahmen einer Neugestaltung des Michaelerplatzes wurde das Gebäude, in welchem sich das Café befand, 1897 abgerissen. Karl Kraus nutze dies dazu in einem Zeitungsartikel mit der Literatenszene des Cafés abzurechnen. Nach dem Ende des Cafés verlagerte sich die Künstlerszene, die dort verkehrt hatte, ins Café Central. In dem nach 1897 erbauten Gebäude wurde im Jahre 1990 wieder ein Café mit dem Namen Griensteidl eröffnet.

Paris, Café Momus
Der französische Schriftsteller Henri Murger schrieb 1847-1849 les *scènes de la vie du bohème*, welches die Vorlage für die Puccini-Oper ‚la Bohème' werden sollte. Wichtiger Treffpunkt der Bohème im Pariser Quartier Latin im Roman und in der Oper ist das Café Momus, in welchem unter anderem Gustave Courbet und Alexandre Privat d'Anglemont verkehrten.

Els Quatre Gats (4 Gats) Barcelona
Montsio 3 bis
Früher ein Café, heute Restaurant, war El Quatre Gats (‚die vier Katzen') einst Zentrum der modernistischen Kunstströmung Spaniens, was sich noch an den Wandbildern ablesen lässt. Hier hatte Picasso seine erste Ausstellung.

Prag, Café Arco ≈
Hybernska 16
Das im Norden der Neustadt gelegene Café Arco war einst ein wichtiger Treffpunkt deutschsprachiger Literaten Prags und Franz Kafkas Lieblingscafé. Ab dem Jahr 1908 traf sich hier der Schriftsteller Franz Werfel, damals noch Gymnasiast, mit seinen engsten Freunden. Dieser Kreis weitete sich aus, als Werfel mit dem 1911 erschienen Gedichtband ‚*Der Weltfreund*' zunehmenden Erfolg hatte. Schließlich trafen sich im Arco auch bekannte Schriftsteller wie Max Brod, Kurt Tucholsky und Else Lasker-Schüler. Auch der Zeichner Alfred Kubin und der Psychoanalytiker Otto Groß waren im Arco zu Gast. Ab 1908 fand sich auch gelegentlich Franz Kafka ein. Hier lernte er die tschechische Journalistin Jelena Jesenska kennen, die Kafkas Texte ins Tschechische übersetzen wollte. Nach dem Ersten Weltkrieg verlor das Café durch den Wegzug vieler deutschsprachiger Autoren wie Werfel und Kisch an Bedeutung. Nach dem Zweiten Weltkrieg war es schließlich zu einem bedeutungslosen Café geworden, das später als Polizeikantine dienen sollte. Heute findet sich hier ein Restaurant namens Arco, das mit dem ehemaligen Café allerdings nur noch wenig gemein hat.

London, Grecian Coffee House
1685 wurde durch einen griechischen Seemann in London das Grecian Coffee House eingerichtet. 1677 konnte das Café an einen zentralen Ort unweit der Fleet Street umziehen. Anfang des 18. Jahrhunderts verkehrten hier Mitglieder der Royal Society wie Isaac Newton und Edmond Halley. Studenten der Klassik stritten hier über die richtige Schreibweise altgriechischer Worte. Doch um 1800 war die Bedeutung des Kaffeehauses bereits am

Sinken. 1843 wurde es schließlich geschlossen. Heute findet sich hier des Devereux Public House.

Edinburgh, Nicholson Café
Nicholson Street
Im Nicholson Café schrieb die alleinerziehende Mutter Joan K. Rowling ihren ersten Harry Potter Roman. Hier gegenüber dem Old College der Universität von Edinburgh konnte sie für den Preis **eines** Cappuccinos stundenlang schreiben. Die Immobilie, in der das Café saß, wurde jedoch im Jahr 2000 verkauft und dort wurde wenig später ein chinesisches Restaurant. Im Herbst 2009 war auch dies wieder Geschichte, denn nun wurde von neuem ein Café eingerichtet, das ***Spoon Café Bistro***, auch in Erwartung von Harry-Potter-Fans als möglichen Besuchern.

Café Capsa, Bukarest ≽
Calea Victorei
Das 1891 eröffnete Café Capsa im Casa Capsa an der Calea Victorei in Bukarest war bis zum Zweiten Weltkrieg Treffpunkt der literarischen Szene der Stadt. Der Poet Vlaicu Barna und die Schriftsteller Liviu Rebreanu, Camil Petrescu, Corneliu Moldovan verkehrten hier. Capsa wurde ‚das Café, das den Schriftstellern gehört' genannt. Als der französische Feldmarschall Joffre dem Café einen Besuch abstattete, wurde ein Schokoladenkuchen kreiert, der später Joffre genannt wurde. Noch in den 1940er Jahren galt das Capsa als ‚das Herz der Stadt'. Doch den Kommunisten gefiel dieses Symbol der bourgeoisen Periode nicht und sie ließen das Café nach ihrer Machtübernahme 1948 schließen. Nach der Wende des Jahres 1989 bekam das Haus seinen Namen zurück, das Hotel wurde luxussaniert, doch dem Café konnte der alte Geist nicht wieder eingehaucht werden, eine literarische Szene fehlt.

4. Anekdoten und Trivia zu 77 Zeitungen

4.1 Großbritannien

Großbritannien ist der größte Zeitungsmarkt Europas. Hier konkurrieren zahlreiche nationale Blätter um Leser.
Am 31. Dezember 1987 wurde die 12. Episode der satirischen britischen Sitcom ‚*Yes Minister*' gesendet. Diese enthielt folgenden Dialog:

Hacker: Don't tell me about the press. I know exactly who reads the papers:

The Daily Mirror is read by people who think they run the country;

The Guardian is read by people who think they ought to run the country;

The Times is read by people who actually run the country;

The Daily Mail is read by the wives of the people who run the country; **the Financial Times** is read by people who own the country;

The Morning Star is read by people who think the country ought to be run by another country, and

The Daily Telegraph is read by people who think it is.

Sir Humphrey: Prime Minister, what about the people who read the **Sun**?

Bernard: **Sun** readers don't care who runs the country, as long she's got big tits.

Weil er den Konservativen (den Tories) nahe steht wird der **Daily Telegraph** auch *Daily Torygraph* genannt.

Die 1785 unter dem Namen Daily Universal Register gegründete britische Zeitung **The Times** war die erste mit Times-Namen, es folgten zahlreichen Nachahmer wie New York Times, Los Angeles Times, The Irish Times oder Times of India. Um Verwechslungen zu vermeiden sagen Amerikaner auch London Times. 1931 wurde für die Zeitung von Stanely Morison und Victor Lardent die heute sehr verbreitete Schrift Times New Roman entwickelt. Auch der Text dieses Taschenbuches ist in Times New Roman geschrieben.
Ein Spitzname für die Times mit ihren donnernden Nachrichten ist ‚The Thunderer'.

Der **Guardian** hatte früher viele Tippfehler und deshalb den Spitznamen Grauniad. Ein Grund dafür war, dass er in Manchester erschien (ursprünglich hieß er Manchester Guardian). Da ein großer Teil der Auflage in London verkauft wurde, war es einst wichtig, dass diese Auflage rechtzeitig einen frühen Morgenzug nach London erreichte. Anders als bei der Auflage für Manchester blieb für die Londoner Ausgabe damit kaum Zeit für Korrekturen. Das schlug sich in zahlreichen Tippfehlern wieder, manchmal wurde in einem Artikel sogar der Name der Zeitung falsch geschrieben, deshalb der Spitzname Grauniad.

4.2 USA

Von 1833-1950 erschien die **New York Sun**. Diese ging durch den *Great Moon Hoax* (Großer Mond-Schwindel) in die Mediengeschichte ein. Ab 25. August 1835 wurden von ihr sechs Zeitungsartikel publiziert, die von einer Entdeckung von Leben auf dem Mond durch den britischen Astronomen John Herschel, der am Kap der Guten Hoffnung angeblich ein neues Superteleskop einsetzte, berichteten. Das Interesse der Zeitungsleser war groß und der Herausgeber Benjamin Day verkündete, dass seine Zeitung mit über 19 000 Exemplaren nun die höchste Auflage weltweit habe. Am 16. September musste das Blatt jedoch die Fälschung der Story zugeben und der *Moon Hoax* schrieb als eine der größten Zeitungsenten Mediengeschichte ein.

Unter ihrem Verleger Joseph Pulitzer, (1847 als Sohn eines wohlhabenden jüdisch-ungarischen Kornhändlers in Mako, Ungarn geboren) wurde die **New York World** (1860-1931) zu einer der innovativsten und einflussreichsten Zeitungen Amerikas. 1895 führte sie, damals eine Sensation, einen Comic-Strip in Farbdruck ein. Dessen Held, ein kleiner Jungen trug ein langes gelbes Hemd. Nach ihm wurde die Serie ‚The Yellow Kid' genannt und dies prägte später den begriff Yellow Press, der noch heute in den USA für die Sensationspresse verwendet wird. Im Dezember 1913 erschien in der Weihnachtsbeilage der New York World das erste Kreuzworträtsel der Welt (das erste Kreuzworträtsel in einer deutschen Zeitung erschien 1925 in der Berliner Illustrirte). Nachdem es in der Wirtschaftskrise mit der Auflage stark bergab ging, schloss sich die ‚World' 1931 mit dem Evening Telegram zum New York World-Telegram zusammen.

1924 wurden die Zeitungen *New York Tribune* und *New York Herald* zur **New York Herald Tribune** verschmolzen. Lange vorher war der Herald bereits in der Krise und der Zeitungstycoon Wiliam Randolph Hearst fragte beim Eigentümer James Bennet an, was die Zeitung denn kosten würde. Dieser hatte keine Lust zu verkaufen und antwortete: der Herald kostet unter der Woche 3 Cents und am Sonntag 5 Cents.

Die heute vollständig zur New York Times gehörende **International Herald Tribune** war die erste Zeitung, für deren Distribution Flugzeuge eingesetzt wurden. 1928 wurden Exemplare nach London geflogen, wo sie rechtzeitig zum Frühstück ankamen. 1980 war die IHT die erste Zeitung, die elektronisch in einen anderen Kontinent übertragen wurde - von Paris, wo sie produziert wird nach Hongkong.

Die **International Herald Tribune** führte von 1866-2008 eine allegorische Zeichnung auf dem Titel, die den Spitznamen ‚Dingbat' trug. Diese enthielt ein Sammelsurium von Dingen, darunter Pyramiden, ein Uhrglas, ein Dampfzug, der später durch einen Hochgeschwindigkeitszug ersetzt wurde, ein Zahnrad, einen Adler und eine amerikanische Jean d'Arc. In der Mitte der Zeichnung eine Uhr, die Zwölf nach Sechs anzeigte. Dabei handelte es sich angeblich um die genaue Geburtsminute von Horace Geeley (1811-1872), Gründer der im 19. Jahrhundert in den USA führenden Vorläuferzeitung *New York Tribune*. Zum Bedauern mancher Herald Tribune Fans wurde das dingbat-Logo im Jahre 2008 abgeschafft.

Die Amerikaner Charles Dow und Edward Jones, Namensgeber des *Dow-Jones Index* gründeten am 8. Juli 1889 das **Wall Street Journal**, heute mit einer Auflage von 1.8 Millionen die zweitgrößte Zeitung der USA.

Viele prominente Amerikaner erwarben ihre erste Berufserfahrung als Zeitungsjunge. Darunter waren Persönlichkeiten wie Walt Disney, Bob Hope, John Wayne, Bing Crosby, Dwight D. Eisenhower, Martin Luther King, Harry S. Truman und Isaac Asimov.

Orson Welles' Filmdrama *Citizen Kane*, 1941 ein Kinokassengift und damals von Kritikern zerrissen, mittlerweile jedoch längst zum Flimklassiker geworden, dreht sich um einen Unternehmer und Zeitungszar, der aus dem seriösen *New York Inquirer* eine Boulevardzeitung macht und im Laufe der Zeit seine Grundsatzerklärung, die Bürgerrechte der Leser zu verteidigen und wahrheitsgemäß und unabhängig von Unternehmensinteressen zu berichten über den Haufen wirft.

Vorbild für den Zeitungszar im Film war der kalifornische Medien-Tycoon Wiliam Randolph Hearst (1863-1951), der 1887 die Zeitung **San Francisco Examiner** übernahm. Hearst hatte in Harvard Journalismus studiert und gestaltete den Examiner, vom Stil Joseph Pulitzers und seiner New York World inspiriert, bald radikal um. Er hielt seine Journalisten an, reisserische Nachrichten zu schreiben, um die Leser zu begeistern. Für den San Francisco Examiner schrieben bald bekannte Namen wie Mark Twain, Jack London und Ambrose Bierce und Illustrationen und Comics lockerten das Blatt auf. 1895 konnte Hearst die New Yorker Zeitung *Morning Journal* erwerben und mit Pulitzer direkt in Konkurrenz treten. Bald gründete er weitere Zeitungen in Chicago, Boston und Los Angeles. An Hearsts erster Zeitung, dem San Francisco Examiner ist die heutige US-Zeitungskrise nicht spurlos vorübergegangen. Im Jahr 2000 verkaufte die Hearst Cooperation den Examiner. Heute scheint mit dem Blatt kaum mehr Geld zu machen, denn es wird als Gratiszeitung verteilt.

Der **Miami Herald** war lange Zeit für seine Kriminalreporterin Edna Buchanan (*1949) bekannt. Miami gilt als Verbrechensmetropole und Buchanan ging bei der Polizei ein und aus. Das gefiel nicht allen bei der Polizei, und so wurde im Morddezernat eine Tür installiert, die sich nur per Fernsteuerung öffnen ließ. Diese Tür hatte in der Polizeidirektion bald den Spitznamen ‚Edna Buchanan door'. Mittlerweile hat sich Buchanan aus ihrem Journalistenberuf zurückgezogen und ist Buchautorin geworden.

Die **Washington Post** schrieb 1972 US-Geschichte als ihre beiden Reporter Bob Woodward und Carl Bernstein die Watergate Affäre, die zum Rücktritt Präsident Nixons führte, aufdeckten. Konservativen Zeitungsleser haben das liberale (in europäischer Diktion ‚linke') Blatt mit dem Spitznamen ‚*Prawda on the Potomac*' versehen.

Die 1851 gegründete **New York Times** zeichnet sich durch dicht mit Text bedruckten Seiten, wenig Bilder und erst später Einführung von Farbe aus. Das graue, textlastige Erscheinungsbild hat ihr zum Beinamen ‚Gray Lady' verholfen. Die New York Times gilt als sehr vertrauenswürdig, doch im März 2003 wurde sie erschüttert, denn der Reporter Jayson Blair musste zugeben, Artikel erfunden zu haben. Die Zeitung hat ihr eigenes Hochhaus, das *New York Times Building*, wo sie 28 Stockwerke belegt. Der news room ist ganz unten, dort wuseln Journalisten in nachtschlafender Zeit für alle sichtbar herum. Er wird wird von New Yorkern deshalb ‚Bakery' (Backstube) genannt.

Die 1982 gegründete US-Boulevardzeitung **USA Today** wurde bald nach ihrem Erscheinen von anspruchsvolleren Lesern wegen ihrer bunten Oberflächlichkeit und ihrer leicht verdaulichen, wenig gehaltvollen Nachrichten als *McNewspaper* oder *McPaper* verspottet. Noch kritischere Stimmen nennen sie ‚Useless Today'.

Zu US-Zeitungen gibt es folgenden Spruch:

„*The Wall Street Journal* is read by the people who run the country.

The Washington Post is read by people who think they run the country.

The New York Times is read by people who think they should run the country and who are very good at crossword puzzles.

USA Today is read by people who think they ought to run the country but don't really understand The New York Times. They do, however, like their statistics shown in pie charts.

The Los Angeles Times is read by people who wouldn't mind running the country -- if they could find the time -- and if they didn't have to leave Southern California to do it.

The Boston Globe is read by people whose parents used to run the country and did a far superior job of it, thank you very much.

The New York Daily News is read by people who aren't too sure who's running the country and don't really care as long as they can get a seat on the train.

The New York Post is read by people who don't care who's running the country as long as they do something really scandalous, preferably while intoxicated.

The Miami Herald is read by people who are running another country but need the baseball scores.

The San Francisco Chronicle is read by people who aren't sure there is a country ... or that anyone is running it; but if so, they oppose all that they stand for.

The National Enquirer is read by people trapped in line at the grocery store."

4.3 Kanada

Mit einer Auflage von über 300.000 ist **Globe and Mail** die führende Tageszeitung Kanadas. Das Blatt erscheint in Toronto und publiziert dort spezielle Toronto-Rubriken, welche nicht in der nationalen Ausgabe erscheinen. Die Toronto-Orientierung der Zeitung wird mit den Beinamen ‚Toronto Globe and Mail' oder ‚Toronto's National Newspaper' auf die Schippe genommen. Andere Verballhornungen des Zeitungsnamens sind *Mop and Pail* und *Grope and Flail*. Eine Verballhornung, welche sich auf den Durchschnittsmitarbeiter und den Durchschnittsleser der Zeitung bezieht, ist ‚*Old and Male*'.

Auf der Webseite Simviation Forum versucht ein kanadischer Beitrag aus dem Jahr 2003 (von ‚Iroquois'), die bekannte Redensart zu US-Zeitungen auf die kanadische Zeitungslandschaft anzupassen (http://205.252.250.26/cgi-bin/yabb2/YaBB.pl?num=1054235690). Danach gilt für kanadische Zeitungen folgendes:

*"The **Globe and Mail** is read by people who run the country and are probably too smart for their own good.*

*The **Toronto Star** is read by people who like scandal no matter if it's true or not. People who like to read a paper with false stories then like to see it get sued for a billion dollars on liable accusations later on.*

*The **Toronto Sun** is read by people who don't care what the heck is going on in the country, they just like to see the bikini clad model on the back pag.*

*The **National Post** is read by people who want to run the country, but aren't smart enough to read the Globe and Mail.*

*The **Hamilton Spectator** is read by homeless people when they happen to glance at the headline while rapping their bottle of wine in it.*

*The **Ottawa Citizen** is read by people who run the country, before they tear off a corner and role the piece of paper into a joint."*

Wie in den USA starteten in Kanada manche Prominente ihr Berufsleben als Zeitungsjunge. Dazu gibt es folgende Anekdote:

Am Morgen des 29. Juli 1910 kam im Bahnhof von Saskatoon, der Hauptstadt der kanadischen Provinz Saskatchewan, der kanadische Premierminister Sir Wilfried Laurier (1841-1919) mit dem Zug an. Er war nach Saskatoon gereist, um den Grundstein der ersten Universität von Saskatchewan zu legen. Am Bahnsteig fällt ihm ein aufgeweckt aussehender Zeitungsjunge auf, dem er eine Zeitung abkauft. Er fragt den Zeitungsjungen wie die Geschäfte gehen und spricht die Hoffnung aus, dass dieser ‚es später mal zu etwas bringen' werde. Nach einem lebhaften Meinungsaustausch meint der 15jährige Zeitungsjunge plötzlich `*Gut, Herr Premierminister, ich muss mich jetzt um meine Geschäfte kümmern und kann leider keine Zeit mehr mit ihnen verschwenden.*´

47 Jahre später ist aus dem Zeitungsjungen John George Diefenbaker tatsächlich etwas geworden. Und zwar kanadischer Premierminister, ein Amt, welches er von 1957-1963 innehat.

4.4 Deutschland

Die **Hildesheimer Allgemeine Zeitung** gilt als älteste Tageszeitung Deutschlands. Sie geht auf den Hildesheimer Relations-Courier zurück, welcher im Juni 1705 gegründet wurde. Im Frühjahr 2005 feierte die Zeitung im Stadttheater Hildesheim ihren 300. Geburtstag. Allerdings erschien die Zeitung nicht ununterbrochen. 1945-1949 gab es eine Nachkriegs-Zwangspause.

Eine der am längsten bestehenden Zeitungen Deutschlands war die **Vossische Zeitung**. Das Blatt gab auf seinem Titel 1704 als Gründungsjahr an, hatte aber Ursprünge, die bis ins Jahr 1617 zurückreichen. Berühmtester Mitarbeiter war Gotthold Ephraim Lessing (1729-1781), der 1751 bis 1755 als Rezensent für die Zeitung tätig war. 1751 gab Lessing sogar die Monatsbeilage ‚Neuestes aus dem Reiche des Witzes' heraus. Von den Berlinern wurde die Zeitung *Vossische* oder *Tante Voss* genannt. Nach der Machtübernahme der Nazis musste die Vossische Zeitung, die damals vom Ullstein Verlag, welcher einer jüdischen Familie gehörte, publiziert wurde, ihr Erscheinen 1934 einstellen.

Eine weitere einst bedeutende deutschsprachige Zeitung, welche es nicht mehr gibt, war die 1798 von Johann Friedrich Cotta in Tübingen gegründete **Allgemeine Zeitung**. Cotta wollte Schiller zum ersten Chefredakteur machen, was dieser jedoch ablehnte. 1798 wurde der Erscheinungsort nach Stuttgart verlegt, 1807-1882 nach Augsburg, 1882 bis zu ihrem Ende 1929 erschien sie in München. In der ersten Hälfte des 19. Jahrhunderts war die Allgemeine Zeitung die führende deutschsprachige Tageszeitung.

In der DDR gab es folgenden Witz: Warum kostet die Prawda am Kiosk 10 Pfennig, die Zeitung **Neues Deutschland** dagegen 20 Pfennig? Zehn Pfennig betragen die Übersetzungskosten.

Ein Mann will am Kiosk ‚**Neues Deutschland**' kaufen. „Ist noch nicht da", wird ihm geantwortet. Als er daraufhin ‚**Die Freiheit**' aus Halle verlangt, muss er hören: "Geht nicht, Die Freiheit kommt erst mit dem neuen Deutschland."

Der Klatschreporter Michael Graeter sagte einmal, die (Münchner) *Abendzeitung* verhielte sich zur *Süddeutschen Zeitung* wie ein Espresso zum Schweinsbraten.

Der ehemalige FAZ-Redakteur Friedrich Karl Fromme (1930-2007) nannte das Profil der **Frankfurter Allgemeinen Zeitung** einst *„schwarz-rot-gold'*. **Schwarz** für den konservativen Politikteil, **rot** für das Feuilleton und **gold** (gelb) für den Wirtschaftsteil.

Am 3. August 2004 kam es bei der **Frankfurter Rundschau** zu einem peinlichen Zwischenfall. Im Titelkopf stand statt ‚unabhängige' ‚abhängige' Tageszeitung. Die Buchstaben ‚un' waren durch ein Bild des Regisseurs Woody Allen überdeckt. Die Geschäftsführung betonte, es handele sich um einen technischen Fehler, doch manche glaubten, der Fehler wäre kein Zufall sondern stünde im Zusammenhang mit der Übernahme der Zeitung durch die SPD Holding DDVG, die nicht von jedem in der FR-Redaktion begrüßt worden war. Zur Vermeidung eines Imageschadens wurden sogar ausgelieferte Exemplare soweit möglich wieder eingesammelt.
Die **Hamburger Morgenpost** (Auflage: 110 000) hat viele Beinamen. Bekannt ist die Abkürzung Mopo. Der

Volksmund sagt aber auch Sorgenpost, Mottenpost und manchmal Mottenpest.

Die Hamburger Wochenzeitung **Die Zeit** führt den Bremer Schlüssel auf ihrem Signet auf der Titelseite. Eigentlich wollte sie das Hamburger Wappen (ein Tor) verwenden, doch die Hansestadt weigerte sich die Genehmigung für die Verwendung des geschützten Wappens zu geben. So fuhren die Zeit-Leute nach Bremen, wo sie prompt die Genehmigung zur Nutzung des Bremer Wappens bekamen. Zu den beiden Wappen gibt es auch den Bremer Spruch: *„Hamburg ist das Tor zur Welt, aber wir haben den Schlüssel dazu"*.

Die 1891 gegründete **Berliner Illustrirte Zeitung** (Illustrirte damals ohne ‚e' geschrieben) war Deutschlands erstes Massenblatt. Ende des 19. Jahrhunderts stellte sie mit zahlreichen Innovationen den Zeitungsmarkt auf den Kopf. Anfang der 1930er Jahre war sie mit einer Auflage von mehr als 2 Millionen Deutschlands größte Zeitung. Im Dritten Reich wurde die Verlegerfamilie Ullstein von den Nazis vertrieben und die Zeitung in ein NS-Propagandablatt umgewandelt. Nach dem Krieg bekamen die Ullsteins ihren Verlag zurück und verkauften die Zeitung an den Axel Springer Verlag. Doch der Markt war bereits mit neuen Titeln gesättigt und die Zeitung erschien nur noch zu besonderen Anlässen. Seit März 1984 liegt sie dem Sonntagsmagazin der Berliner Morgenpost als historische Reminiszenz bei.

Geschäftsführer der Berliner Wochenzeitung **der Freitag** ist Jakob Augstein (*1967). Augstein ist interessanterweise gesetzlich anerkannter Sohn des Spiegel Gründers Rudolf Augstein (1923-2002) und leiblicher Sohn des Schriftstellers Martin Walser. **Der Freitag** hat eine Auflage von nur 15.000 Exemplaren, wurde aber von der Society for News Design Anfang 2010 mit dem Preis für gutes Zeitungsdesign bedacht.

Die in der rot-grün geprägten Studentenstadt Tübingen erscheinende Zeitung **Schwäbisches Tagblatt** (Auflage ca. 40.000 Exemplare) galt lange als linksliberale Insel in einem regional eher konservativ geprägten Umfeld. Von Gegnern (gelegentlich auch von Anhängern) wurde sie deshalb auch Necker-Prawda genannt.

Als Deutschlands schönste Zeitung gilt die **Frankfurter Allgemeine Sonntagszeitung** (Auflage: über 400.000 Exemplare). Sie wurde von der Society for News Design bereits dreimal mit einem Preis für die am besten gestaltete Zeitung bedacht, das letzte Mal Anfang 2010. Das Design kommt bei den Lesern an, denn die FAS ist zudem eine der wenigen Zeitungen, die ihre Auflage in den letzten Jahren steigern konnte.

‚*Bild sprach zuerst mit den Toten*' hieß es früher spöttisch über den Sensationsjournalismus der **Bild-Zeitung**.

Als älteste ununterbrochen erscheinende Zeitung Deutschlands gelten die **Aachener Nachrichten**. Denn der Zweite Weltkrieg bedeutete eine Zwangspause und Zäsur für fast alle deutschen Zeitungen, denn nach dem Krieg erschienen neue Titel. Das am Westrand Deutschlands gelegene Aachen wurde von den Alliierten zuerst eingenommen, hier ging der Krieg deshalb auch als erstes zu Ende. Bereits am 24. Januar 1945 konnte hier wieder eine Zeitung erscheinen – die Aachener Nachrichten, die deshalb nicht nur im Alphabet an erster Stelle steht.

4.5 Österreich, Schweiz, Liechtenstein

Zur **Wiener Kronenzeitung** gibt es in Österreich den Spruch ‚Gegen die **Kron**e kann man nicht regieren'.
Die Kronenzeitung gilt als die deutschsprachige Zeitung mit der höchsten Marktdurchdringung, denn 2.9 von 8.1 Millionen Österreichern (35%) lesen sie.

Doch eine deutschsprachige Zeitung übertrifft noch die Marktdurchdringungsquote der Kronenzeitung – das **Liechtensteiner Vaterland**, welche eine Normalauflage von 10.000 (Grossauflage: 18.500) und 19.000 Leser erreicht, bei 35.000 Einwohnern im Fürstentum.

Die 1703 als *Wiennerisches Diarium* gegründete **Wiener Zeitung** gilt als älteste noch heute erscheinende Zeitung der Welt.

Wegen ihres konservativen Stils hat die **Neue Zürcher Zeitung** unter Journalisten auch den Spitznamen ‚Alte Tante' (bzw. ‚**alte Tante von der Falkenstrasse**'). Der Titel passt auch zum Alter der Zeitung, denn die 1780 gegründete NZZ kommentierte bereits die Französische Revolution.

Die Neuenburger französischsprachige Zeitung **L'Express** heißt mit vollem Titel **L'Express et Feuille d'Avis de Neuchâtel**. Denn damit will man an die alte Tradition der Zeitung erinnern, die bereits 1738 unter dem Namen *Feuille d'Avis de Neuchâtel* gegründet wurde und damit die älteste französischsprachige Zeitschrift der Welt ist, welche noch heute publiziert wird.

4.6 Niederlande

Der 1752 gegründete **Leeuwarder Courant** ist die älteste noch heute erscheinende Zeitung der Niederlande. Leeuwarden ist die Hauptstadt der niederländischen Provinz Friesland und etwa 5% der Artikel der Zeitung erscheinen auf friesisch.

Noch ältere Ursprünge hat das **Haarlems Dagblad**. 1943, während der Deutschen Besatzung, musste das Haarlems Dagblad mit Oprechte Haerlemse Courant fusionieren. Diese ging wiederum auf die bereits 1656 gegründete Weeckelycke Courante van Europa zurück.

Im Zweiten Weltkrieg kollaborierte die niederländische (gezwungenermaßen) Zeitung **De Telegraaf** (heute auflagenstärkste Zeitung des Landes) mit den deutschen Besatzern, weshalb ihr in den Niederlanden lange der Beiname Nazi-Krant (Nazi-Zeitung) anhing. Ein weiterer Beiname ist Fabeltjeskrant (Fabelzeitung). So heißt auch eine niederländische Gute-Nacht-Sendung für Kinder, bei der eine weise Eule Geschichten aus einer Zeitung vorliest.

Die niederländische Zeitung **Volkskrant** wird im Volksmund wegen ihres (einst) nöligen Stils auch ‚die Essigsaure' (azijnzuur) genannt.

International bekanntester Mitarbeiter der ursprünglich katholischen niederländischen **Zeitung de Volkskrant** war der Schriftsteller Cees Noteboom, der freier Mitarbeiter war und Kolumnen schrieb und dessen Reportagen von den Studentenunruhen in Paris des Jahres 1968 mit Preisen ausgezeichnet wurden.

4.7 Nordeuropa

Die **Post ok Inrikes Tidingnar** ist das offizielle Schwedische Amtsblatt. Die Zeitung wurde bereits 1645 unter Königin Christina gegründet. Im selben Jahr hatte der erfolgreiche schwedische Kanzler Axel Oxenstierna den Krieg mit Dänemark beendet. Am 1. Januar 2007 stellte Post ok Inrikes den Druck ein. Tägliche Onlineausgaben werden allerdings noch auf der Webseite der schwedischen Firmenregistrierungsbehörde Borlagsverkets veröffentlicht.

Die älteste noch täglich gedruckte Zeitung Schwedens ist seit der Einstellung der Druckausgabe von Post ok Inrikes die bereits 1758 gegründete **Norrköpings Tidingnar** (‚Norrköpinger Zeitung', Auflage ca. 45.000).

Die vom Mecklenburger Buchdrucker Ernst Heinrich Berling (1708-1750) 1749 gegründete Kopenhagener Zeitung **Berlingske Tidene** ist die älteste Zeitung Dänemarks. Die Berlingske Tidene hat bereits zweimal (1999, 2001) den Preis World Press Photo of the Year gewonnen.

Die Unschuld einer beschaulichen Regionalzeitung verlor die **Arhuser Jyllands Posten** wohl für immer, als sie im September 2005 zwölf Karikaturen unter dem Titel ‚das Gesicht Mohammeds' veröffentlichte.

Die norwegische Zeitung **Aftenposten** (‚Abendpost') wird nach der Osloer Straße, in welcher sie produziert wird, auch ‚die Tante von der Akersgatan' genannt. Die Akersgatan gilt auch als ‚Fleet Street Oslos'. Die Aftenposten erscheint in der norwegischen Sprachvariante Riksmal (Reichssprache), auch Bokmal (Buchsprache) genannt, die von 85-90% der Norweger geschrieben wird. Die übrigen Norweger sprechen Nynorsk (Neunorwegisch). Aftenposten übersetzt Zuschriften in Nynorsk in Riksmal.

4.8 Frankreich, Italien

Nach der Befreiung Frankreichs wollte General Charles de Gaulle in Frankreich eine anspruchsvolle Tageszeitung haben. Die einstige Pariser Qualitätszeitung Le Temps kam dafür jedoch nicht in Frage, da sie in der Besatzungszeit mit den Deutschen kollaboriert hatte. De Gaulle ließ das Redaktionsgebäude von Le Temps beschlagnahmen und die neue Zeitung **Le Monde** in gleicher Typographie und Format produzieren.

Wichtiger Karikaturist der Zeitung ist Jean Plantureux („Plantu', *1951). Eine seiner Zeichnungen, eine Friedenstaube, deren Flügel Seiten von Le Monde sind, ziert die Fassade des le Monde-Redaktionsgebäudes im Pariser Süden.

Die Mailänder Tageszeitung **Corriere della Sera** nennt sich noch heute ‚Abendkurier', obwohl sie schon seit über hundert Jahren am Morgen erscheint.

Die 1664 gegründete **La Gazzetta di Mantova** ist die älteste noch publizierte Zeitung Südeuropas. Während des Faschismus musste sich die Zeitung La Voce di Mantova nennen, kehrte jedoch 1946 zum alten Namen zurück.

Die Wochenausgabe der seit 1861 erscheinenden Tageszeitung **L'Osservatore Romano** (‚Der Römische Beobachter'), Sprachrohr des Apostolischen Stuhls, erscheint in wichtigen Sprachen katholischer Länder: darunter Englisch, Französisch, Spanisch, Portugiesisch, Deutsch und Polnisch. Seit 2008 gibt es auch eine Ausgabe in Malayalam, einer Sprache Südindiens.

4.9 Russland, ehem. Sowjetunion

Zu Sowjetzeiten gab es zu den beiden führenden Zeitungen des Landes folgenden Spruch: Es ist keine **Iswestija** in der **Prawda** und keine Prawda in der Iswestija.
(Prawda bedeutet Wahrheit und Iswestija Nachricht).
Der Ort, in welchem die Fabrik lag, die das Zeitungspapier für die Prawda produzierte, wurde übrigens zu Sowjetzeiten in Pravdinsk umbenannt.

Lange Jahre arbeitete der am 28. September 1899 geborene Zeichner Boris Yefimov als politischer Karikaturist für die **Iswestija**. Er war bereits zu Stalins Lebzeiten ein wichtiger Propagandazeichner der Sowjetunion und zeichnete auch nach der Jahrtausendwende weiter für das Blatt. Im Laufe seiner siebzigjährigen Karriere fertigte er 70.000 Zeichnungen an. Am 1. Oktober 2008, kurz nach seinem 109. Geburtstag, starb mit Yefimov der älteste Zeichner der Welt.

Ab 1965 wurde **Prawda** auf besserem Papier gedruckt. Doch viele Raucher waren nicht zufrieden. Das neue Papier eignete sich weniger dazu, aus dem russischen Wild-Tabak Machorka eine Zigarette zu rollen (eine in Russland beliebte Zweit-Verwendung der Zeitung).

Während die **Prawda** das Organ der Kommunistischen Partei war, galt die Iswestija als Sprachrohr der Regierung. Die auflagenstärkste (Tages-)Zeitung der Sowjetunion, und nach dem Guinness Buch der Rekorde damals auch der Welt, war jedoch mit 21.5 Millionen Exemplaren die **Trud** (‚Arbeit'). Heute hat die Trud noch eine Auflage von 1.6 Millionen, ist damit aber weiterhin die auflagenstärkste Zeitung Russlands.

Den Titel macht ihr jedoch gelegentlich die **Komsomolskaya Prawda** (Jugend-Prawda) streitig, die um 1990 mit 22 Millionen Exemplaren ähnlich hohen Auflagen wie die Trud erreichte und heute täglich zwischen 700.000 und 3 Millionen Exemplare absetzt.

Auch die Zeitung **Argumenty i Fakty** behauptet von sich, einst die stärkste Auflage der Welt gehabt zu haben. Im Jahr 1990 wurden 33.5 Millionen Exemplare gedruckt, was ihr zu einem Eintrag im Guinness Buch der Rekorde verhalf. Allerdings handelt es sich bei Argumenty i Fakty um eine Wochenzeitung und keine Tageszeitung, so dass Trud weiterhin den Titel der einst auflagenstärksten Tageszeitung reklamieren kann. Heute beträgt die Auflage der Zeitung noch 3 Millionen, bei 8 Millionen Lesern.

Heute gilt die zweiwöchentlich erscheinende sich an ein jugendliches Publikum (18-30) richtende Gratis-Zeitung **Akzia** (Auflage ca. 200.000) als Russlands schönste und graphisch innovativste Zeitung. Im Jahr 2009 wurde sie von der Society for News Design mit einem Preis ausgezeichnet.

Die 1993 gegründete **Novaya Gazeta** gehört heute zu den im Ausland angesehensten Zeitungen Russlands. Eigentümer sind der ehemalige sowjetische Präsident Michael Gorbatschow und der Oligarch Alexander Lebedjew. Die kritische und investigative Berichterstattung der Novaya Gazeta ist in der heutigen Situation Russlands nicht ungefährlich. Zwischen 2001 und 2009 wurden 4 Journalisten der Zeitung ermordet. Darunter Anna Politkovskaya, die kritisch über russische Aktionen in Tschetschenien berichtete und im Oktober 2006 erschossen wurde.

4.10 Asien

Die japanische Tageszeitung **Yomiuri Shimbun** gilt mit täglich über 12 Millionen Exemplaren (davon zwei Drittel in der Morgenauflage, ein Drittel in der Abendauflage) als auflagenstärkste Zeitung der Welt.

Dicht darauf folgt an zweiter Stelle weltweit ebenfalls eine japanische Zeitung **Asahi Shimbun** („Zeitung der aufgehenden Sonne', Morgenauflage 8.2 Millionen, Abendauflage 3.8 Millionen). Grund für die hohen Auflagen sind die hohen Abonnentenzahlen, die frühe Zustellung und der soziale Druck, ein Zeitungsabonnement zu erwerben. Viele Japaner lesen eine der beiden großen Zeitungen bereits zu Hause am Frühstückstisch und die Abendausgabe auf der Nachhausefahrt im Vorortzug.

Die drei führenden Zeitungen Südkoreas **Chosun Ilbo**, **Joongang Ilbo** und **Dong-a Ilbo** werden in Korea von Kritikern auch mit dem zusammenfassenden Spitznamen Chojoongdong versehen, denn ihre politische Ausrichtung gilt als uniform konservativ und regierungsnah. Die drei Zeitungen vereinigen auf sich 58% des nationalen Zeitungsabonnentenmarktes Eine koreanische Redensart sagt zur Konformität der Blätter, dass bei Chojoongdong Angestellte und nicht Journalisten arbeiten.

Zu den fleißigsten Zeitungslesern gehören überraschenderweise die Mongolen. Populärstes Blatt ist **Unen** (die Wahrheit), welches 200.000 Abonnenten hat. Bei einer Bevölkerung von nur 2.7 Millionen eine erstaunlich hohe Marktdurchdringung.

Eine Hong Konger Zeitung heißt **Apple Daily** (Auflage ca. 350.000). Wie es zum Namen kam erklärt Jimmy Lai Chee, der die Zeitung 1995 gründete, folgendermaßen: if

Adam and Eve didn't eat the apple, there would be no evil and wrongdoings in this world, which made news a non-existing term.

Die am meisten gelesene englischsprachige Zeitung ist kein britisches oder amerikanisches Blatt – es ist mit einer täglichen Auflage von 3.1 Millionen **The Times Of India** (Neu Delhi), eine Zeitung, welche bereits 1838 gegründet wurde.

Die Straße Bahadur Shah Zafar Marg in Delhi gilt als **Fleet Street Indiens**. Sie ist Sitz folgender Presseerzeugnisse: The Times Of India, The Economic Times, The Indian express, The Financial Express, Business Standard, The Pioneer und Metro Now.

Der 1822 gegründete **Bombay Samachar** gilt als Asiens älteste Zeitung. Heute beträgt die Auflage der in Mumbai erscheinenden Zeitung nur 50.000. Realtiv alt ist auch die seit 1845 in Singapur publizierte **Strait Times**.

Bab-i-Ali galt einst mit 16 türkischsprachigen Zeitungen, die hier publiziert wurden, als Fleet Street Istanbuls.

1979, zwei Jahre vor seinem Attentat auf den Papst Johannes Paul II., ermordete der türkische Ultranationalist Ali Agça den Journalisten Abdi Ipekçi, Chefredakteur der türkischen Zeitung **Milliyet**.

Mit einer Auflage von einer halben Million verkaufter Exemplare pro Tag ist **Hürriyet** die zweitgrößte türkische Tageszeitung. Sie wird in fünf türkischen Städten und in Frankfurt gedruckt. Lange trug sie das Motto Türkiye Türklerindir (Die Türkei den Türken), ein Motto, welches noch aus der Zeit des ersten Weltkrigs stammt.

4.11 Lateinamerika

Führendes Zeitungsland Lateinamerikas ist Argentinien, welches über mehrere nationale, in Buenos Aires beheimatete Blätter verfügt. Auflagenstärkste Zeitung des Landes ist wiederum die 1947 gegründete **Clarin**. Mit über 330 000 Exemplaren täglich liegt sie in der spanischsprachigen Welt an zweiter Stelle hinter El Mundo (390 000) aus Madrid. Clarin ist eine der Zeitungen mit der beständigsten Spitze. Bereits seit 1969 ist Ernestina Herrera de Noble, die die größten Anteile am Clarin-Medienkonzern besitzt, Herausgeberin der Zeitschrift. Keine andere spanischsprachige Zeitungs-Webseite der Welt wird so oft besucht, wie die von Clarin.

In den 1930er und 1940er Jahren, als es Clarin noch nicht gab, war die 1870 vom ehemaligen Präsidenten Mitre gegründete konservative Zeitung **La Nacion** mit einer Auflage von über 300 000 nicht nur Argentiniens, sondern Lateinamerikas meistgelesene Zeitung.

Weit weniger ausgeprägt ist die Zeitungskultur in Mexiko. **El Universal**, die einzige national verbreitete Qualitätszeitung, kommt auf eine Auflage von nur etwa 150 000 täglich. Ihre Webseite ist allerdings die zweitpopulärste des Landes.

Der Wechsel ins Internet geht in Lateinamerika schneller voran als in Europa. Im Sommer 2010 kündigte die 1891 von Monarchisten gegründete Zeitung **Jornal do Brasil** an, ihre Printausgabe (die auf nur noch 21 000 Exemplare täglich gefallen war) ab September 2010 einzustellen und nur noch im Internet zu publizieren.

4.12 Afrika und Australien

Mit 900.000 gedruckten Exemplaren täglich ist die 1875 gegründete **Al Ahram** die meistverkaufte Zeitung nicht nur Ägyptens, sondern ganz Afrikas. In Ägypten ist die Zeitung auch die einflussreichste und eine wichtige Nachrichtenquelle. Dort sagt man auch *„Jemand, dessen Nachruf nicht in der Al Ahram erschienen ist, kann noch nicht gestorben sein."*

Wöchentlich gibt es in englischer Sprache eine **Al Ahram Weekly**. Böse Zungen behaupten, was in der Tageszeitung Al Ahram nicht abgedruckt werden könne, finde hier seinen Platz.

Bereits Anfang 1994 ging die südafrikanische Zeitung **Mail&Guardian** Online ins Netz, die damit erste im Internet verfügbare Zeitung Afrikas.

Als eine der ältesten Zeitungen Afrikas gilt der seit 1845 publizierte The Herald, gefolgt vom seit 1846 publizierten The Witness (beide Südafrika).

Als älteste noch heute publizierte Zeitung Australiens gilt der 1831 gegründete **Sydney Morning Herald.**

Anhang

1. Cafés nach Städten

a) Deutschland

Deutschland	
Aachen	**Van den Daele** Büchel 18 /Ecke Körbergasse 52062 Aachen Mo -Sa 9 -18.30 So, Feiertag 11-18:30 www.van-den-daele.de/
Baden-Baden	**Café König** Lichentaler Str. 12 76530 Baden-Baden Mo-So 8:30-18:30 www.chocolatier.de/kh_koenig.htm
Bad Reichenhall	**Café Reber** Ludwigstr. 10, 84345 Bad Reichenhall Mo-Sa 9-18, So 14-18 www.reber-spezialitaeten.de
Berlin	**Café Einstein** Kurfürstenstraße 58, 10785 Berlin U: Nollendorfplatz 8.00 – 1.00 Uhr www.cafeeinstein.com/
Berlin	**Kranzler** Kurfürstendamm 18, 10719 Berlin U-Bahnstation: Kurfürstendamm Täglich 8.30 – 20.00 Uhr www.cafekranzler.de
Bremen	**KatzenCafé** Schnoor 38, 28195 Bremen täglich 12 -24 www.katzen-cafe.de/
Frankfurt	**Café Metropol** Weckmarkt 13-15 60311 Frankfurt am Main Di-Do10-1,Fr 10- 2, Sa 9- 2, So 9-24 www.metropolcafe.de/

Deutschland (Fortsetzung)	
Frankfurt	**Schiffercafé** Schifferstrasse 36 60594 Frankfurt am Main Mo – Fr 8- 20, Sa 8-19, So 9-19 www.schiffercafe.de
Hamburg	**Wiener Café Wirth** Spitalerstr. 28 Mo-Sa 9-19 http://wiener-cafe-wirth.de
Hamburg	**Literaturhaus Café** Schwanenwik 38, 22087 Hamburg Mo-Fr 9-24, Sa, So 10-24 www.literaturhauscafe-hamburg.de
Heidelberg	**Café Knösel** Haspelgasse 20 69117 Heidelberg Mo-Fr 12-15, 18-22, Sa-So 12-22 www.cafek-hd.de
Heidelberg	**Schafheutle** Mo-Fr 9:30-19, Sa 9-18 Hauptstr. 94, 69117 Heidelberg http://www.cafe-schafheutle.de
Köln	**Caffé Alfredo** Breite Straße 6 im DuMont Carré 50667 Köln Mo- Fr 9.30-19.30 Sa 9.30 -17, So geschl. www.caffe-alfredo.de/
Leipzig	**Kaffeehaus Riquet** Schuhmachergäßchen 1, 04109 Leipzig täglich 9-20 www.riquethaus.de/
Leipzig	**Coffebaum** Kleine Fleischergasse 4 04109 Leipzig Mo-So 11-1 http://www.coffe-baum.de/

a) Deutschland (Fortsetzung)

Lübeck	**Niederegger** Breite Str. 89, gegenüber Rathaustreppe Mo-Fr 9-19, Sa 9-18, So 10-18 www.niederegger.de
München	**Luitpold** Briennerstr.11 Mo 8-19, Di-Sa 8-23, So 9-19 www.cafe-luitpold.de
München	**Café Neuhausen** Blutenburgstr. 106, 80636 München täglich 9-1:00 www.cafeneuhausen.de/
München	**Café Reitschule** Königinstrasse 34, 80802 München Mo -So 9-1:00 www.cafe-reitschule.de/
München	**Ruffini** Orffstr. 22-24, 80637 München Di-So 10-24, Montag Ruhetag www.ruffini.de/
Osnabrück	**Leysieffer** Krahnstr. 41 Mo-Fr 8-19, Sa 7:30-18 www.leysieffer.de
Regensburg	**Café Prinzess** Rathausplatz 2, 93047 Regensburg Mo-Sa 9 – 19, So, Feiertag 10-19 www.cafe-prinzess.de
Timmendorfer Strand	**Cafe Engel's Eck (Café Wichtig)** Am Platz 3 Timmendorfer Strand www.cafe-engels-eck.de

b) Österreich

Wien	
Wien	**Café Bräunerhof** Stalburggasse 2, 1010 Wien, U: Stephansplatz Mo-Fr 8-21, Sa 8-19, So 10-19 www.braeunerhof.at
Wien	**Café Central** Ecke Herrengasse / Strauchgasse 1010 Wien, U: Herrengasse Mo –Sa: 7.30 -22, So/Feiertag: 10- 22 www.palaisevents.at/cafecentral.html
Wien	**Café Demel** Kohlmarkt 14, 1010 Wien, U: Herrengasse Mo-So 9-19 www.demel.at
Wien	**Frauenhuber** Himmelpfortgasse 6, 1010 Wien U: Stephansplatz http://cafe-frauenhuber.at
Wien	**Hawelka** Dorotheergasse 6, 1010 Wien, U: Stephansplatz Mo, Mi-Sa 8-2:00, So/Feiertag 10-2:00, Dienstag Ruhetag www.hawelka.at/
Wien	**Kleines Café** Franziskanerplatz 3, 1010 Wien U: Stephansplatz Mo-Sa 10-2, So 13-2
Wien	**Café Kunsthalle** Treitlstr. 2, Karlsplatz, 1040 Wien, U: Karlsplatz täglich 10.00 – 2.00 Uhr www.kunsthallewien.at/cgibin/page.pl?id=995&lang=de

Wien	**Café Landtmann** Dr. Karl Lueger-Ring 4, 1010 Wien, U:Herrengasse Mo-So 7:30-24 www.landtmann.at
Wien	**Café der Provinz** Maria-Treu-Gasse 3, 1080 Wien, U: Rathaus täglich 8.00 – 23.00 Uhr www.cafederprovinz.at/
Wien	**Museum Café** (wegen Umbau geschlossen) Operngasse 7, 1010 Wien U: Karlsplatz Mo-Sa 8-24, So 10-24 www.cafe-museum.at
Wien	**Café Sacher** Philharmonikerstraße 4, 1010 Wien, U: Karlsplatz täglich 8.00 – 24.00 Uhr www.sacher.com/de-cafe-wien.htm
Übriges Österreich	
Bad Ischl	**Café Zauner** Pfarrgasse 7, Mo-So 8:30-18 www.zauner.at
Graz	**Theatercafé** Mandellstr. 11, 8010 Graz Di-Sa 9-04:00
Linz	**Konditorei Jindrak** Herrenstr. 22-24, 4020 Linz, Mo-Sa 8-18 www.linzertorte.at
Salzburg	**Café Habakuk** Linzer Gasse 26, 5020 Salzburg Mo – So 9-22 www.habakuk.at/
Salzburg	**Café Tomaselli** Alter Markt 9, 5020 Salzburg Mo-So 7-21 www.tomaselli.at

c) Schweiz

Schweiz	
Basel	**Café Schiesser** Marktplatz 19, 4051 Basel Mo 9-18, Di-Fr 8-18:30, Sa 8-18 www.confiserie-schiesser.ch
Basel	**Grand Café Huguenin** Barfüsserplatz 6, 4001 Basel So-Mi 7-20, Do-Sa 7-24 http://www.cafe-huguenin.ch
Genf	**Café de Paris** Rue du Mont Blanc 26 1201 Genf Mo-So 8-24 www.cafe-de-paris.ch
Zürich	**Confiserie Sprüngli** Bahnhofstr. 21, Paradeplatz Mo-Fr 7:30-18:30, Sa 8-17 www.spruengli.ch
Zürich	**Odeon** Limmatquai 2 8001 Zürich Mo-Do 7-2, Fr/Sa 7-4, So 9-2 www.odeon.ch
Zürich	**Konditorei Schober (peclard)** Napfgasse 4, 8001 Zürich Mo-Mi 8-19, Do-Sa 8-23, So 9-19 http://peclard-zurich.ch

d) Tschechische Republik, Slowakei, Ungarn

Tschechische Republik, Slowakei	
Prag	**Nouveau Obecni Dum** Namesti Republiky 5, Altstadt Mo-So 7:30-23
Prag	**Café Slavia** Semtanovo nabrezi 1012/2 Mo-So 8-23, Wifi www.cafeslavia.cz
Prag	**Café Louvre** Narodni 22, 11000 Prag Mo-Fr 8-23:30, Sa-So 9-23:30 www.cafelouvre.cz
Prag	**Café Evropa** (‚Titanic' im Hotel Evropa) Wenzelsplatz 25 Mo-So 10-24 www.evropahotel.cz
Karlsbad	**Café Elefant** Stara Louka 30, 36021 Karlovy Vary Mo-So 10-20
Bratislava	**Kaffee Mayer** Hlavne namestie 4, 81101 Bratislava Mai-Sept 9-24, Okt-Apr 9:30-22 www.kaffeemayer.sk
Ungarn	
Budapest	**Café New York Hungaria** Erzsebet Körüt 9-11, U: Blaha Luiza Ter Mo-So 9-1:00 http://www.boscolohotels.com
Budapest	**Café Gerbeaud** Vörösmaty ter 7-8 Mo-Fr 9-21 www.gerbeaud.hu
Budapest	**Konditorei Ruszwurm** Szentahromsag u. 7, 1014 Budapest www.ruszwurm.hu

e) Benelux

Belgien	
Brüssel	**Metropole** Place de Brouckère 31 Mo-So 9-2 www.metropolehotel.com
Brüssel	**Café Belga** Place Flagey 18, 1050 Brüssel (Ixelles) Mo-So 8-2 (Fr, Sa -3) www.cafebelga.be
Brüssel	**La fleur en papier doré** Rue des Alexiens 53 1000 Brüssel Di-Sa 11-24, So 11-19
Brüssel	**Wittamer** Place du Grand Sablon 6 1000 Brussels Mo 10-18, Di-Sa 7-19, So 7-18 :30 www.wittamer.com/en/cafe
Niederlande	
Amsterdam	**Café Welling** J.W. Brouwerstraat 32, 1071 Amsterdam Mo-Fr 16-24, Sa 15-24 www.cafewelling.nl
Amsterdam	**Café Americain** Leidsekade 97 Mo-So 10-22 www.edenamsterdamamericanhotel.com
Rotterdam	**Café de Unie** Mauritsweg 35 www.deunie.nu
Rotterdam	**Dudok** Ment 88, 3011 Rotterdam Mo-Mi 8-23, Do 8-24, Fr 8-1, Sa 9-1, So 10-23 www.dudok.nl

f) Frankreich

Paris	
Paris	**Café de Flore** 172 Boulevard Saint-Germain 75006 Paris Mo-So 7-02 www.cafedeflore.de
Paris	**Café Procope** 13 rue de l'Ancienne Comédie 75006 Paris Mo-So 10:30-1:00 www.procope.com
Paris	**Les Deux Magots** 6 place saint Germain-des Près 75006 Paris Reservation 01 45 48 55 25
Paris	**La Closerie du Lilac** 171 blvd du Montparnasse, 75006 Paris Mo-So 12-1 http://www.closeriedeslilas.fr/
Paris	**Angélina** 226, rue Rivoli, 75001 Paris Mo-So 9-19 http://www.groupe-bertrand.com/angelina.php

g) Großbritannien und Nordeuropa

Großbritannien	
London	**New Piccadilly Café** 8, Denman Street , Metro:Piccadilly Mo-So 7-18
London	**Hard Rock Café** 150 Old Park Lane Mo-So 11-23 (The Vault) www.hardrock.com
Dänemark	
Kopenhagen	**Café Sommersko** Kronprinsensgade 6, 1114 Kopenhagen Mo-Do 8-24, Fr-Sa 8-02, So 9-24 www.sommersko.dk
Finnland	
Helsinki	**Café Ekberg** Bulevardi 9, 00120 Helsinki Mo-Fr 7:30-19, Sa 8 :30-17, So 9-17 www.cafeekberg.fi
Helsinki	**Café Engel** Aleksanderinkatu 26 Geschlossen bis Frühjahr 2011 (Umbau) www.cafeengel.fi
Norwegen	
Oslo	**Kafé Celsius** Radhusgaten 19, 0158 Oslo Di-Do 11 :30-0, Fra-Sa 11 :30-1, So 13-22 www.kafecelsius.no
Schweden	
Stockholm	**Bla Porten** Djurgardsvägen 64 Mo-Fr 11-22, Sa-So 11-19 www.blaporten.com

h) Portugal und Spanien

Portugal	
Lissabon	**Café A Brasileira** Rua Garret 120, 1200 Lisboa U-Bahn : Baixa, Chiado Mo-So 14-2
Lissabon	**Café Martinho da Arcada** Rua da Prata 4-8 1100 Lisboa Mo-Sa 6:30-23
Spanien	
Barcelona	**Els Quatre Gats (4 Gats)** Montsio 3 bis, 08002 Barcelona U: Catalunya
Barcelona	**Café de l'Opera** La Rambla 84, Metro: Liceu So-Do 8-2 :15, Fr-Sa 8-2:45 www.cafeoperabcn.com
Bilbao	**Café Iruna** Berastegui 5
Bilbao	**Café Boulevard** Calle del Arenal 3
Madrid	**Café Commercial** Glorieta de Bilbao 7, U: Bilbao Mo-So 8-1
Madrid	**Grand Café de Gijon** Paseo de Recolectos 21 Mo-So 7:30-1 :30 www.cafegijon.com
Madrid	**Café de Oriente** Plaza de Oriente 2 Mo-So 8 :30-1 :30 www.cafedeoriente.es
Madrid	**Café Nuevo Barbieri** Calle del Avemaria 45, Metro : Lavapies Mo-So 15-2 (Fr, Sa -3)

i) Italien

Italien	
Florenz	**Caffé Rivoire** Piazza della Signoria 5r, Di-So 8-24 www.rivoire.it
Florenz	**Gilli** Piazza dell Republica 36 9r Mo, Mi-So 7:30-1 www.gilli.it
Florenz	**Caffé Giubbe Rosse** Piazza della Reppublica 13/14r www.giubberosse.it
Mailand	**Caffé Trussardi** Piazza della Scala 5 Mo-Fr 7:30-11, Sa 12-11, So: geschl. www.trussardi.com
Neapel	**Gran Caffé Gambrinus** Via Chiaia 1, Mo-So 8-1 www.caffegambrinus.com
Padova	**Caffé Pedrocchi** Via VIII Febbraio 15 www.caffepedrocchi.it
Rom	**Café Greco** Via dei Condotti 86, Metro : Spagna Mo-Sa 8-21, So geschlossen www.anticocaffegreco.eu
Triest	**Caffé San Marco** Via Cesare Battisti 18
Triest	**Caffé degli Specchi** Piazza del'Unita Italia 7 www.caffespecchi.it
Venedig	**Caffé Florian** Markusplatz, Venedig, Mo-So 10-23 www.caffeflorian.com

k) Mittel und Osteuropa, Türkei

Krakau	**Hawelka** Rynek Glowny 34 (Marktplatz), Krakau Mo-So 11-23
Krakau	**Café Jama Michalika** Florianska 45, 31019 Krakau So-Do 9-22, Fr-Sa 9-23 www.jamamichalika.pl
Ljubljana	**Café Macek** Krojaska ulica 5, 1000 Ljubljana Mo-Sa 9-0:30, So 9-23 http://sobe-macek.si
Tallinn	**Café Maiasmokk** Pikk 16, 10123 Tallinn Mo-Sa 8-19, So 10-18
St. Petersburg	**Café Literaturnoe** Newsky Prospekt 18 Mo-So 12-24
Istanbul	**Markiz (Robert's Coffee)** Istiklal Caddesi 360-362 (Beyglou)
Istanbul	**Café Ara** Istiklal Caddesi 8 Mo-Fr 8-24, Sa-So 10:30-24

l) Amerika

USA	
New Orleans	**Café du Monde** French Market, 800 Decatur Street New Orleans 24 Stunden täglich geöffnet www.cafedumonde.com
San Francisco	**Caffé Trieste** 601 Vallejo Street So-Do 6:30-23, Fr-Sa 6:30-24 www.caffetrieste.com
Saratoga Springs	**Café Lena** 47 Phila Street Saratoga Springs, NY http://www.caffelena.org/
Seattle	**Starbucks (erste Filiale)** 1912 Pike Place, Seattle Mo-Fr 6-19:30, Sa-So 6:30-19:30 http://www.starbucksmelody.com/2010/07/15/the-first-starbucks-1912-pike-place/
Argentinien	
Buenos Aires	**Café Tortoni** Avenida de Mayo 825/29 Mo-Sa 7-02:00, So: 8-1:00 www.cafetortoni.com.ar
Brasilien	
Rio de Janeiro	**Confeiteria Colombo** Rua Gonçalves Dias, 32 Di-Sa 9-20, So 9:30-17 www.confeitariacolombo.com.br

2. Lieblings und Stammcafés

Schriftsteller und Denker	Stammcafé, Lieblingscafé
Wien	
Sigmund Freud (*1856 Freiberg-1939 London)	**Café Landtmann** (Wien)
Peter Altenberg (*1859 Wien-1919 Wien)	**Café Central** (Wien)
Milo Dor (*1923 Budapest-2005, Wien)	**Café Hummel** (Josefstädter Str. 66)
Ernst Jandl (*1925 Wien-2000 Wien)	**Café Museum** (Wien)
Thomas Bernhard (*1931 Heerlen/NL-1989)	**Café Bräunerhof** (Wien)
Robert Schindel (*1944 Bad Hall)	**Café Zartl** (Rasumofskygasse, Wien)
Paris	
Joseph Roth (1894 Brody,-1939 Paris)	**Café Tournon** (Paris, 18 rue Tournon)
Ernest Hemingway (*1899 Oak Park-1961)	**Closerie des Lilacs** (Paris)
Paul Fort (*1872 Reims-1960)	**Closerie des Lilacs** (Paris)
Jean-Paul Sartre (*1905 Paris-1980 Paris)	**Café de Flore** (Paris)
Yves Simon (*1944, Paris)	**Café les Deux Magots** (Paris)
Budapest	
Ferenc Molnar (*1878 Budapest-1952 New York)	**Café New York Hungaria** (Budapest)
Endre Ady (*1877 Ermindszent -1919 Budapest)	**Eckermann Kavéhaz** (Budapest, Andrassy ut 24)

Schriftsteller und Denker	Stammcafé, Lieblingscafé
Andere Städte	
Joh. Wolfgang v. Goethe (1749 Frankfurt-1832)	**Café des Philosophen** (Franzensbad)
Thomas Mann (1875 Lübeck- 1955 Zürich)	**Caffé Quadri** (Venedig)
James Joyce (*1882 Dublin-1941)	**Caffé Pirona** (Triest)
Jorge Luis Borges (*1899 Buenos Aires-1986 Genf)	**Café Tortoni** (Buenos Aires)
Fernando Pessoa (*1888 Lissabon- 1935 Lissabon)	**A Brasileira** (Lissabon)

Cafés, welche es nicht mehr gibt

Joachim Ringelnatz (1883 Wurzen-1934 Berlin)	**Café Meyer** (Warnemünde) Später Café Wegener, dann Vitaminbar
Max Liebermann (1847 Berlin-1935)	**Café des Westens** (Berlin) (abgerissen)
Franz Kafka (*1883 Prag-1924)	**Arco** (Prag) (heute Polizeikantine)
Ernst Jandl (*1925 Wien-2000 Wien)	**Café Museum** (Wien)
J.K.Rowling (*1965)	**Nicholson Café** (Edinburgh, heute China-Restaurant)

3. Beinamen von Cafés einst und heute

Café	Beiname
Museum Café (Wien)	Café Nihilismus
Hawelka (Wien)	Magische Botanisiertrommel
Café Griensteidl (Wien)	Café Größenwahn
Ruffini (München)	Neuhausens Wohnzimmer
Engel's Eck (Timmendorfer Strand)	Café Wichtig
New Piccadilly (London)	Cathedral of Cafés
Café New York Hungaria (Budapest)	Sibirien (so wurde der Erker des Cafés einst genannt)
Café Americain (Amsterdam)	Wohnzimmer von Amsterdam

Cafés, welche es nicht mehr gibt

Café des Westens (Berlin)	Café Größenwahn
Café Worpswede (Worpswede)	Café Verrückt
Café Luitpold (München, früherer Bau)	Kaffeeschloss

Straßen

Kurfürstendamm (Berlin)	größtes Kaffeehaus Europas (Thomas Wolfe)
Sternschanze-Schulterblatt (Hamburg)	Galao-Strich (wegen Galao-Milchkaffee)

4. Verschiedene Listen berühmter Cafés

	Arte	Braun
Hawelka, Wien	X	x
Café de Flore, Paris	X	x
Café Sprüngli, Zürich	X	
Caffé Florian, Venedig	X	
Nouveau Obecni Dum, Prag	X	x
Café Greco, Rom	X	x
New York Hung., Budapest	X	x
Procope, Paris	X	x
Café Central, Wien	X	x
Caffé San Marco, Venedig	X	
Café Einstein, Berlin		x
Café Slavia, Prag		x
Literaturhaus Hamburg		x

Entsprechende URLs siehe unter ‚Webseiten'

Literatur

Stefanie Proske
Kaffehaus-Brevier
Edition Büchergilde 2009

Marie Le Goaziou et al
Paris - 500 coups de coeur
Editions Outes France, Rennes 2010

Webseiten

Arte berühmte Cafés
http://www.arte.tv/de/Kulinarische-Genuesse/962198,CmC=1054158.html

Braun berühmte Kaffeehäuser
http://www.braun.com/de/household/adviser/coffee/famous-coffee-houses.html

Blog (Spanisch) Reise um die Welt in 80 Cafés
http://blogs.elcorreogallego.es/la-vuelta-al-mundo-en-80-cafes/

Österreich
http://www.frederics-guide.eu/essen-feiern/cafes.html

Großbritannien
http://www.classiccafes.co.uk/topten.html

Wikipedia
    Café
    http://de.wikipedia.org/wiki/Caf%C3%A9

    Wiener Kaffeehaus
    http://de.wikipedia.org/wiki/Wiener_Kaffeehaus

Weitere Bücher von Richard Deiss
(siehe www.bod.de)

Der Nabel des Mondes und die Träne im Indischen Ozean
333 Länderbeinamen und wie es zu ihnen kam
Books on Demand, Norderstedt 2010

Von der Blauen Banane zum Rhabarberdreieck
222 Regionsbeinamen und was dahinter steckt
Books on Demand, Norderstedt 2010

Elbflorenz und Sprayathen
555 Städtebeinamen und Stadtklischees von Blechbudenhausen bis Schlicktown
Books on Demand, Norderstedt 2009

Hibbdebach bis Dribbdebach
222 Stadtteilbeinamen und was dahinter steckt
Books on Demand, Norderstedt 2010

www.ingramcontent.com/pod-product-compliance
Lightning Source LLC
Chambersburg PA
CBHW020450220526
45464CB00002B/935